作者简介

迟文峰（1984年—），男，蒙古族，博士，副教授，内蒙古通辽市科尔沁左翼中旗人，硕士研究生导师，中国自然资源学会资源持续利用与减灾专业委员会委员，研究方向为土地利用／覆盖变化及生态环境效应研究。现工作于内蒙古财经大学资源与环境经济学院，任内蒙古财经大学院士专家工作站办公室主任。2015年博士毕业于中国科学院大学，2016年博士后进站中国科学院地理科学与资源研究所。近5年，第一（通讯）作者在《Science of The Total Environment》《Ecological Indicators》《Jounal of Geographical Sciences》《Sustainability》《Land》《生态环境学报》《遥感技术与应用》《地理科学研究》等期刊发表学术论文10余篇，出版专著2部。主持国家自然科学基金课题1项、科技攻关计划等省部级课题3项，横向课题7项。参与国家级、省部级课题、地方委托项目10余项。获发明专利2项，软件著作权4项；荣获环境保护部科技进步二等奖（第四完成人）。

MEILI NEIMENGGU
SHENGTAI XITONG ZONGHE JIANCE YU PINGGU TUJI

图集

美丽内蒙古

生态系统综合监测与评估

迟文峰　赵媛媛／主编

中国环境出版集团·北京

图书在版编目（CIP）数据

美丽内蒙古：生态系统综合监测与评估图集 / 迟文峰，赵媛媛主编. -- 北京：中国环境出版集团，2021.7

ISBN 978-7-5111-4788-2

Ⅰ．①美… Ⅱ．①迟… ②赵… Ⅲ．①区域生态环境－环境遥感－环境监测－内蒙古－图集 Ⅳ．①X87-64

中国版本图书馆CIP数据核字(2021)第134374号

审图号：蒙S（2019）23（本图集地图底图均来源于内蒙古自治区生态环境状况遥感监测与综合评价ISBN978-7-5111-4008-1相关底图，未作任何修改）

出 版 人	武德凯
责任编辑	韩　睿
责任校对	任　丽
装帧设计	宋　瑞

出版发行　中国环境出版集团

（100062　北京市东城区广渠门内大街16号）

网　　址：http://www.cesp.com.cn

电子邮箱：bjgl@cesp.com.cn

联系电话：010-67112765（编辑管理部）

发行热线：010-67125803，010-67113405（传真）

印装质量热线：010-67113404

印　　刷	北京建宏印刷有限公司
经　　销	各地新华书店
版　　次	2021年7月第1版
印　　次	2021年7月第1次印刷
开　　本	787×960　1/16
印　　张	9.25
字　　数	170千字
定　　价	99.00元

中国环境出版集团郑重承诺：

中国环境出版集团合作的印刷单位、材料单位均具有中国环境标志产品认证；

中国环境出版集团所有图书"禁塑"。

编委会成员

主　　编	迟文峰	赵媛媛			
副主编	刘正佳	匡文慧	贾　静	吴晓光	周春生	王俊枝
	卢中秋	王志勇	李玉刚	常屹冉	党晓宏	潘　涛
	郜翻身	高　娃	王　璐	孟凡皓	李孝永	张向前
	玉　山	杨天荣	王　岳	敖日格乐	窦银银	金　良
	龚　萍					

编制组（按姓氏拼音排序）

白文科	白秀莲	崔秀萍	龚　萍	关海波	哈斯巴根
郝　蕾	贾　思	贾　旭	李文龙	李　鑫	刘　伟
娄雨欣	马梦琪	牟艳军	那音太	庞立东	彭　浩
石全虎	舒　伦	孙兴辉	王　慧	王　静	王　珊
王　雄	王　岩	魏晓宇	乌　兰	乌日嘎	乌云嘎
吴海珍	徐　杰	张海庆	张文娟	张晓娜	赵姗姗

参与单位（按贡献排序）

内蒙古财经大学

祖国北疆资源利用与环境保护协调发展院士专家工作站

中国科学院地理科学与资源研究所

北京林业大学

内蒙古自治区农牧厅

内蒙古自治区地图院

内蒙古自治区农牧业科学院

中华人民共和国民政部信息中心

中国科学院生态环境研究中心

内蒙古自治区人力资源和社会保障厅

内蒙古自治区土地调查规划院

内蒙古农业大学

内蒙古师范大学

曲阜师范大学

前　言

在全球气候变化和人类活动等各种因素的作用下，水土流失、植被退化和生物多样性减少等问题日益凸显，生态环境退化已成为不可忽视的国际问题。生态环境退化是全球变化较大的难题之一，其引起的土地资源减少、土壤环境质量下降以及生态环境质量降低等问题严重威胁和制约着国家粮食安全与社会经济发展，可持续发展面临严峻挑战。联合国 2030 年可持续发展目标（SDGs 2030）更加强调土地利用 / 覆盖变化（LUCC）、防治荒漠化，制止和扭转土地退化现象在可持续发展目标中扮演着重要的角色。"未来地球"（Future Earth）科学计划中，土地可持续利用是全球发展（Global Development）关注的重要问题。中国的新时代发展强调绘制未来 2035 年和 2050 年"美丽中国"愿景目标，《美丽内蒙古——生态系统综合监测与评估图集》将会为建设美丽中国发挥其重要的作用。

内蒙古自治区位于我国正北方，其生态系统脆弱、退化严重，水土流失、沙漠化等生态系统问题突出，威胁着国家生态安全。在生态环境问题日趋严重的情况下，我国于 1998 年后陆续启动了一系列旨在保护环境、遏制生态持续退化的"三北"防护林、退牧还草、退

耕还林还草等重大工程。生态环境质量诊断与评估作为我国北方生态系统服务功能研究的主要内容，是生态环境监测、生态风险及生态脆弱性评价的重要指标。对内蒙古进行大尺度、长时间序列的生态环境监测及评估，通过遥感数据信息提取、数据模型反演、地面观测实验与数据挖掘，快速获取内蒙古生态环境变化相关知识，及时提出国土开发和气候变化适应的宏观策略，对国家生态环境可持续发展具有重要的战略意义。因此，开展"美丽内蒙古"生态系统综合监测与评估显得尤为重要和迫切。

习近平总书记指出，内蒙古生态环境状况如何，不仅关系全区各族群众的生存和发展，而且关系华北、东北、西北乃至全国生态安全。把内蒙古建成我国北方重要生态安全屏障，既是立足全国发展大局而确立的战略定位，也是内蒙古必须自觉担负起的重大责任。基于此，为了全面反映内蒙古生态系统宏观结构及生态环境时空变化特征，服务于生态环境质量评价及国土空间规划，开展本图集编制工作。本图集可有效应用于生态绩效考核和生物多样性评估，在促进生态评估理论发展，提高脆弱生态区生态评估技术的同时，支撑国家生态文明建设和"美丽内蒙古"建设。

编辑说明

《美丽内蒙古——生态系统综合监测与评估图集》（以下简称《图集》）是一部全面、直观、形象、客观反映内蒙古生态系统宏观结构和生态环境时空变化过程的综合性图集。《图集》的编制是一项涉及多学科、多领域的地理空间信息系统工程。

《图集》由内蒙古基础地理背景、社会经济状况、遥感影像、生态系统宏观结构、土地利用／覆盖结构、耕地质量本底状况、关键生态参数及服务、生物多样性与生态质量八个部分组成。内蒙古基础地理背景从地形、地貌、气候条件、植被类型介绍了内蒙古的自然禀赋特征。社会经济状况主要反映了内蒙古人口与经济状况，采用夜间灯光指数（DMSP/OLS）客观反映区域社会经济发展差异。遥感影像从全域、盟市、城市不同尺度表征了区域特点。生态系统宏观结构反映了 2000 年以来生态结构时空状况，介绍了内蒙古生态、生产、生活空间分布特征。土地利用／覆盖结构介绍了耕地、林地、草地、水域、建设用地、未利用地分布格局。耕地质量本底状况反映了农作物分布、酸碱度、养分状况、管理水平等特征。关键生态参数及服务介绍了植被覆盖、净初级生产力、土壤风蚀、水土流失、

蒸发蒸腾量分布特征。生物多样性与生态质量反映了耕地、林地、草地生物量及质量状况。

《图集》力求全面、系统、直观、形象地反映内蒙古生态系统状况及区情。从内容设计、数据处理、资料选用、信息处理、编辑到印刷制版，每个环节都依照准确、完整、科学、统一、安全的原则进行汇编。《图集》运用直观的地图语言、形象的图表、精美的图片、简明的文字、丰富的基础地理信息及生态环境数据，为各级政府进行科学管理及宏观决策提供科学依据。

《图集》涉及的数据制图，主要采用遥感与地理信息系统融合技术，重点采用人机交互数字化、数学方程及模型方法等手段获取数据，部分数据充分结合野外调查及观测数据进行校验处理，有效保障了数据的科学性与精度。《图集》在相关项目的支持下完成，展示了基础数据收集、数据专题产品及阶段项目成果，属非商业用途活动。《图集》的制作，感谢国家地球系统科学数据共享平台、中国科学院资源环境科学数据中心、寒区旱区科学数据中心、地理空间数据云、人地系统主题数据库、地理国情监测云平台、中国气象科学数据中心、USGS 等平台的共享数据支持。

项目资助

本书由国家自然科学基金"库布齐沙漠地区增绿过程及其对区域生态系统服务作用机制"（42061069）及"气候变化和人类活动对浑善达克沙地生态系统服务的影响机制"（41971130）共同资助；内蒙古自治区科技计划项目——"'美丽内蒙古'生态质量诊断与综合管理关键技术及应用研究"（2019GG010）资助；2021年度内蒙古自治区人才开发基金资助；2019年度内蒙古自治区高等学校"青年科技英才支持计划"（B类）项目（NJYT-19-B29）资助；内蒙古自治区农牧厅委托课题"内蒙古自治区耕地质量评价"资助；内蒙古财经大学祖国北疆资源利用与环境保护协调发展院士专家工作站建设等项目支持。

目　录

第八部分
生物多样性与生态质量 /121

Part1

内蒙古基础地理背景

内蒙古自治区，简称"内蒙古"，首府呼和浩特。内蒙古位于我国北部边疆，地理上位于北纬 37°24′～53°23′，东经 97°12′～126°04′，由东北向西南斜伸，呈狭长形，东西直线距离 2 400 km，南北跨度 1 700 km，横跨东北、华北、西北三大区。土地总面积 118.3 万 km²，占全国土地总面积的 12.30%，在全国各省、自治区、直辖市中名列第三。东、南、西部与 8 个省区毗邻，北与蒙古国、俄罗斯接壤，国境线长 4 200 km。内蒙古自治区共辖 12 个地级行政区，包括 9 个地级市、3 个盟，分别是呼和浩特市、包头市、乌海市、赤峰市、通辽市、鄂尔多斯市、呼伦贝尔市、巴彦淖尔市、乌兰察布市、兴安盟、锡林郭勒盟、阿拉善盟。2019 年年末，内蒙古自治区常住人口 2 539.6 万人。其中，城镇人口 1 609.4 万人，农村人口 930.2 万人；常住人口城镇化率达 63.4%，比 2018 年提高 0.7 个百分点。男性人口 1 308.4 万人，女性人口 1 231.2 万人。全年出生人口 20.9 万人，出生率为 8.23‰；死亡人口 14.4 万人，死亡率为 5.66‰；人口自然增长率为 2.57‰。

内蒙古自治区地形地貌总体呈"一轴两翼"的国土空间保护开发利用格局，既形成了我国农耕文化与草原文化的分界线，也是重要的地理、气候分界线，同时还是我国北方纵贯东西的生态轴线。"一轴"即大兴安岭、阴山、贺兰山及其延伸的龙首山、合黎山、马鬃山，构成了内蒙古地形地貌的主骨架和生态轴，是东北、华北、西北及河西走廊的北部屏障。"两翼"即三山的两面——

以生态为主点状开发的西北翼和以城镇农业为主的生态安全东南翼。内蒙古地势较高，平均海拔高度1000 m左右，基本上是一个高原型的地貌区。在世界自然区划中，处于著名的亚洲中部蒙古高原的东南部及其周沿地带，统称内蒙古高原，是中国四大高原中的第二大高原。在内部结构上又有明显差异，其中高原约占总面积的53.4%，山地占20.9%，丘陵占16.4%，平原与滩川地占8.5%，河流、湖泊、水库等水面面积占0.8%。

内蒙古的地貌以内蒙古高原为主体，具有复杂多样的形态。除东南部外，其余主要地貌类型是高原，由呼伦贝尔高平原、锡林郭勒高平原、巴彦淖尔—阿拉善及鄂尔多斯等高平原组成，海拔最高点在贺兰山主峰，高度为3556 m。东北部临近外兴安岭等。高原四周分布着大兴安岭、阴山（狼山、色尔腾山、乌拉山、大青山、灰腾梁山）、贺兰山等山脉，构成内蒙古高原地貌的脊梁。最北部、东北部距离石勒喀河、格尔必齐河、鄂嫩河、哈拉哈河较近。内蒙古高原西端分布有巴丹吉林沙漠、腾格里沙漠、乌兰布和沙漠、库布齐沙漠、毛乌素沙漠等，总面积15万km²。在大兴安岭的东麓、阴山脚下和黄河岸边，有嫩江西岸平原、西辽河平原、土默川平原、河套平原及黄河南岸平原。这里地势平坦、土质肥沃、光照充足、水源丰富，是内蒙古的粮食和经济作物主要产区。在山地向高平原、平原的交接地带，分布着黄土丘陵和石质丘陵，其间杂有低山、谷地和盆地分布，水土流失较严重。

内蒙古数字高程图

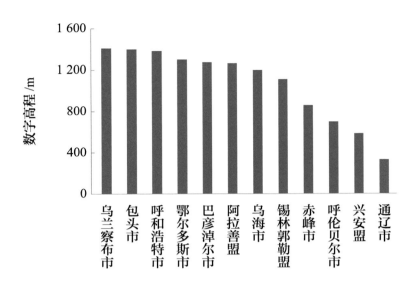

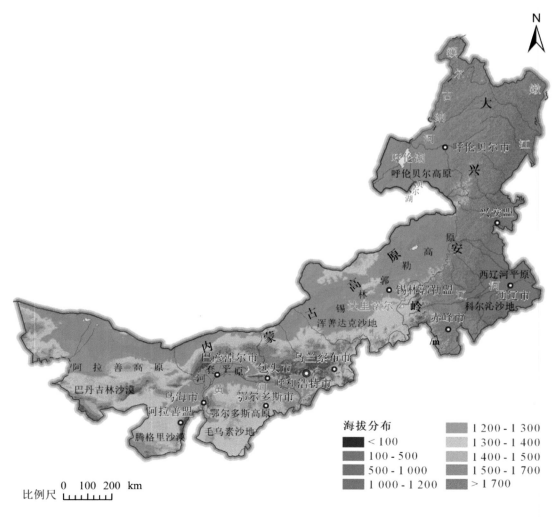

内蒙古地貌类型图

内蒙古主要地貌类型面积统计

地貌类型	面积 /km²	面积占比 /%
高原	365 504.30	30.90
小起伏山地	248 073.67	20.97
倾斜平原	186 159.21	15.74
平坦平原	78 779.03	6.66
沙丘	62 233.48	5.26
起伏平原	52 818.63	4.46
中起伏山地	47 450.69	4.01
高丘陵	34 824.12	2.94
中丘陵	34 759.63	2.94
低丘陵	17 933.71	1.52
低台地	15 539.65	1.31
大起伏山地	11 054.47	0.93
微洼地	10 783.23	0.91
梁峁丘陵	9 568.09	0.81
微高地	5 286.81	0.45
高台地	1 755.67	0.15
中台地	475.61	0.04
总计	1 183 000.00	100.00

比例尺 0 100 200 km

地貌类型

高台地　高丘陵　倾斜平原
中丘陵　低丘陵　大起伏山地
中台地　低台地　小起伏山地
中起伏山地　微高地　平坦平原
梁峁丘陵　微洼地
沙丘　起伏平原
高原

内蒙古地域辽阔，土壤种类较多，其性质和生产性能也各不相同，但其共同特点是土壤形成过程中钙积化强烈，有机质积累较多。土壤根据形成过程和属性，分为9个土纲，22个土类。在9个土纲中，以钙层土分布最少。内蒙古土壤在分布上东、西部之间变化明显，土壤带基本呈东北—西南向排列，最东部为黑土壤地带，向西部依次为暗棕壤地带、黑钙土地带、栗钙土地带、棕壤土地带、黑垆土地带、灰钙土地带、风沙土地带和灰棕漠土地带。其中黑土壤的自然肥力最高，结构和水分条件良好，易于耕作，适宜发展农业；黑钙土自然肥力次之，适宜发展农林牧业。此外，还有非地带性土壤，如草甸土、潮土、盐土、碱土、风沙土等分布于全区各地相应的地形部位。

栗钙土

栗钙土是温带半干旱大陆气候和干草原植被下经历腐殖质积累过程和钙积过程所形成的具有明显栗色腐殖质层和碳酸钙淀积层的钙积土壤。栗钙土可以分为普通栗钙土、暗栗钙土、淡栗钙土、草甸栗钙土、盐化栗钙土、碱化栗钙土及栗钙土性土。栗钙土主要分布在内蒙古东部—中南部，呼伦贝尔高原西部、鄂尔多斯高原东部、大兴安岭东南麓平原以及阴山、贺兰山的垂直带与山间盆地均有分布。

风沙土

风沙土是干旱与半干旱地区于沙性母质上形成的仅具有AC层的幼年土，处于土壤发育的初始阶段，成土过程微弱。通体细沙，植被易于破坏，随起沙风而移动。风沙土主要分布于干旱少雨、昼夜温差大和多沙暴的地区，包括巴丹吉林、乌兰布和、腾格里、库布齐、毛乌素、西辽河和呼伦贝尔等沙区。风沙土的特征是成土作用经常受到风蚀和沙压，很不稳定，致使成土过程十分微弱，土壤性状与风沙堆积物无多大差异。随沙地的自然固定和土壤形成阶段的发展，由流动风沙土到半固定、固定风沙土，土壤有机质含量逐渐增加，说明只要增加肥分与水分，使植被逐步稳定生长，风沙土区域也能成为农林牧用地。

内蒙古土壤类型图

内蒙古面积占土地总面积比例前十名的土壤类型

土壤类型	面积 /km²	占面积比例 /%
栗钙土	254 333.13	22.21
风沙土	178 139.76	15.55
棕钙土	102 194.27	8.92
灰棕漠土	88 954.30	7.77
暗棕壤	77 021.34	6.72
黑钙土	59 090.52	5.16
草甸土	56 823.68	4.96
棕色针叶林土	49 804.11	4.35
灰漠土	44 942.60	3.92
潮土	37 663.74	3.29

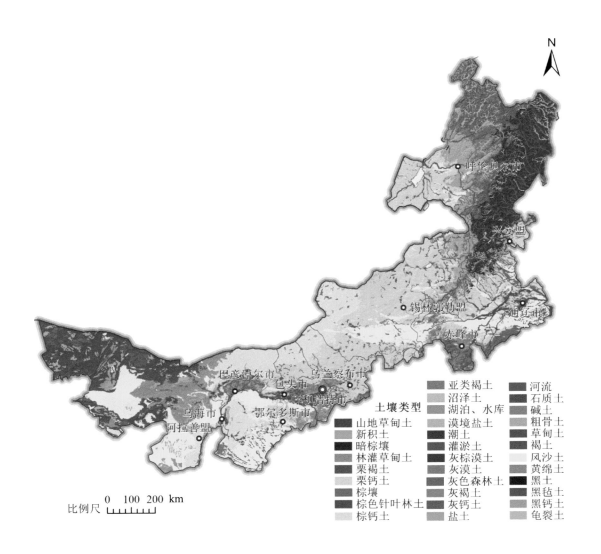

土壤类型
山地草甸土 亚类褐土 河流
新积土 沼泽土 石质土
暗棕壤 湖泊、水库 碱土
林灌草甸土 漠境盐土 粗骨土
栗褐土 潮土 草甸土
栗钙土 灌淤土 褐土
棕壤 灰棕漠土 风沙土
棕色针叶林土 灰漠土 黄绵土
棕钙土 灰色森林土 黑土
灰褐土 黑毡土
灰钙土 黑钙土
盐土 龟裂土

比例尺 0 100 200 km

内蒙古坡度图

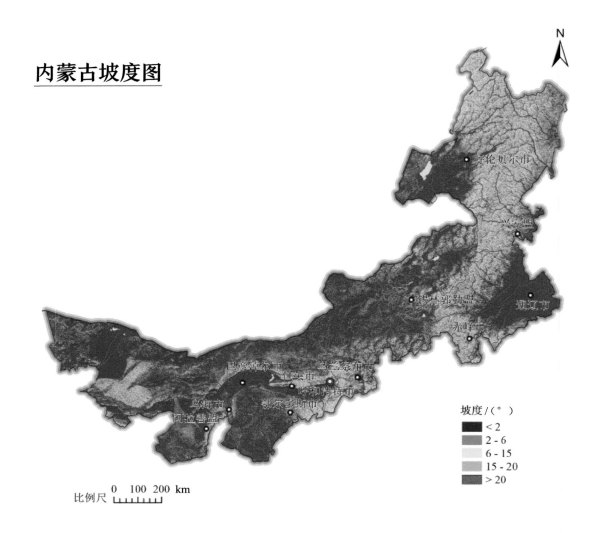

坡度/（°）
- < 2
- 2 - 6
- 6 - 15
- 15 - 20
- > 20

比例尺 0 100 200 km

呼伦贝尔市坡度图   # 兴安盟坡度图

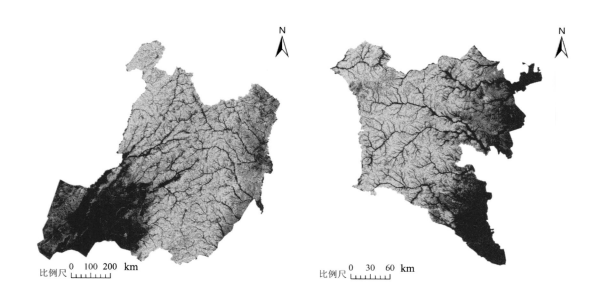

比例尺 0 100 200 km   比例尺 0 30 60 km

内蒙古流域分区

内蒙古沙地类型

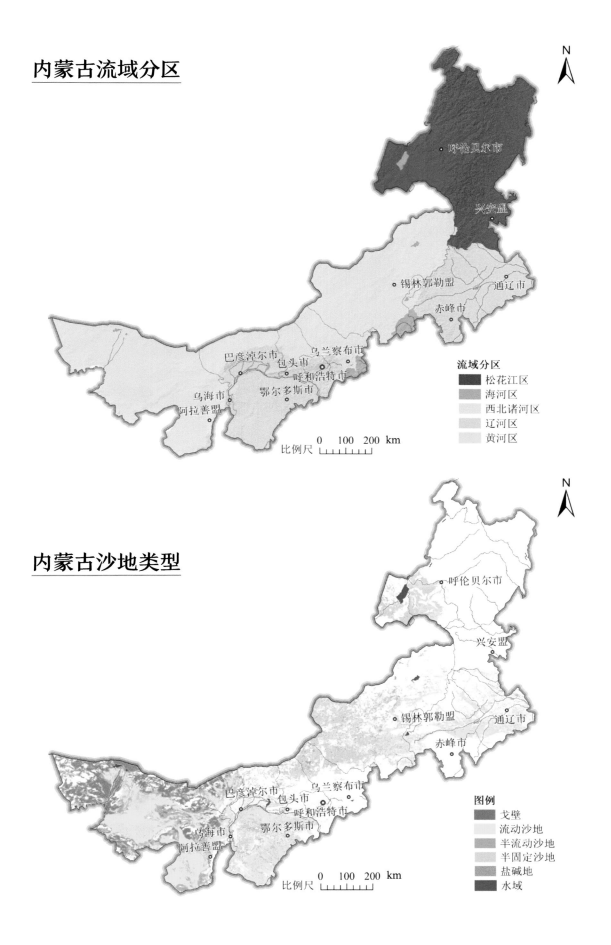

内蒙古土壤侵蚀

土壤侵蚀类型及程度

■ 风力侵蚀—剧烈	■ 水力侵蚀—剧烈
■ 风力侵蚀—极强度	■ 水力侵蚀—极强度
■ 风力侵蚀—强度	■ 水力侵蚀—强度
■ 风力侵蚀—中度	■ 水力侵蚀—中度
■ 风力侵蚀—轻度	■ 水力侵蚀—轻度
■ 风力侵蚀—微度	■ 水力侵蚀—微度
■ 冻融侵蚀—轻度	■ 冻融侵蚀—微度

内蒙古生态区划

生态区划

■	农业生态区
■	农牧交错生态区
■	森林生态区
■	草原生态区
■	荒漠生态区
■	荒漠草原生态区

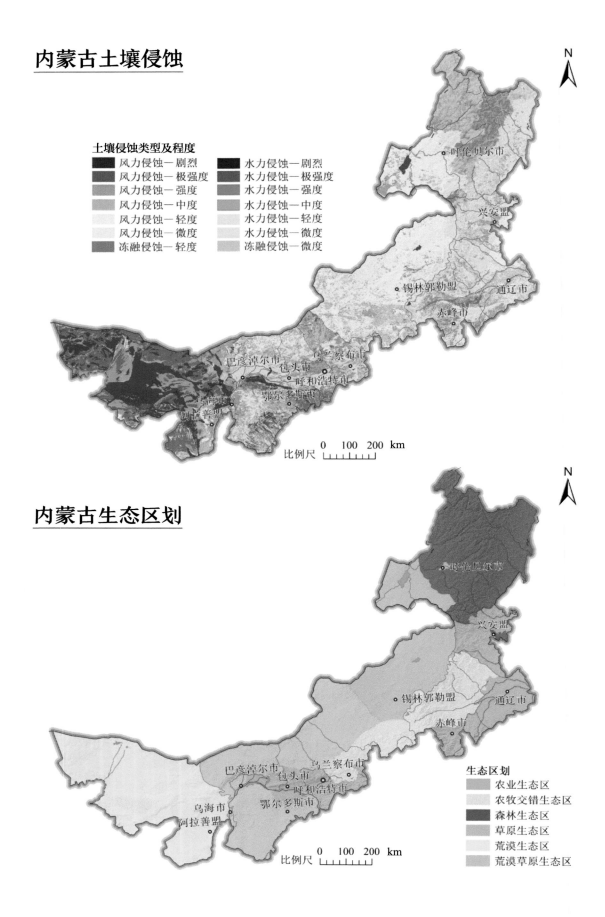

比例尺 0 100 200 km

比例尺 0 100 200 km

内蒙古植被类型

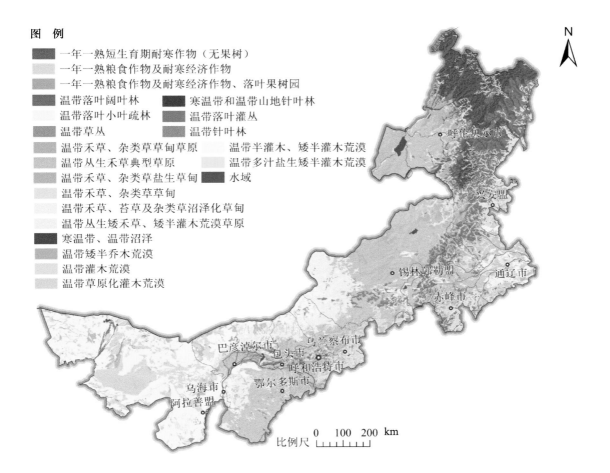

图 例
- 一年一熟短生育期耐寒作物（无果树）
- 一年一熟粮食作物及耐寒经济作物
- 一年一熟粮食作物及耐寒经济作物、落叶果树园
- 温带落叶阔叶林
- 温带落叶小叶疏林
- 温带草丛
- 温带禾草、杂类草草甸草原
- 温带丛生禾草典型草原
- 温带禾草、杂类草盐生草甸
- 温带禾草、杂类草草甸
- 温带禾草、苔草及杂类草沼泽化草甸
- 温带丛生矮禾草、矮半灌木荒漠草原
- 寒温带、温带沼泽
- 温带矮半乔木荒漠
- 温带灌木荒漠
- 温带草原化灌木荒漠
- 寒温带和温带山地针叶林
- 温带落叶灌丛
- 温带针叶林
- 温带半灌木、矮半灌木荒漠
- 温带多汁盐生矮半灌木荒漠
- 水域

内蒙古气候分区

内蒙古地域广袤，所处纬度较高，以高原为主体，距离海洋较远，边沿有山脉阻隔，气候以温带大陆性季风气候为主，气候分区共涉及 6 个区域，自东向西分别是寒温带湿润地区、中温带湿润地区、中温带亚湿润地区、中温带半干旱地区、暖温带亚湿润地区、中温带干旱地区。全域以干旱与半干旱气候类型为主，东西降水量差异较大，年降水量介于 100 ～ 500 mm，夏季干燥炎热，总体表现出降水量少而不匀，风大，寒暑变化剧烈的特点。大兴安岭北段地区属于寒温带大陆性季风气候，巴彦浩特—海勃湾—巴彦高勒以西地区属于温带大陆性气候。总的特点是春季气温骤升，多大风天气，夏季短促而炎热，降水集中，秋季气温剧降，霜冻往往早来，冬季漫长严寒，多寒潮天气。内蒙古日照充足，光能资源非常丰富，大部分地区年日照时数都大于 2 700 h，阿拉善高原的西部地区达 3 400 h 以上。全年大风日数平均在 10 ～ 40 天，70% 发生在春季。

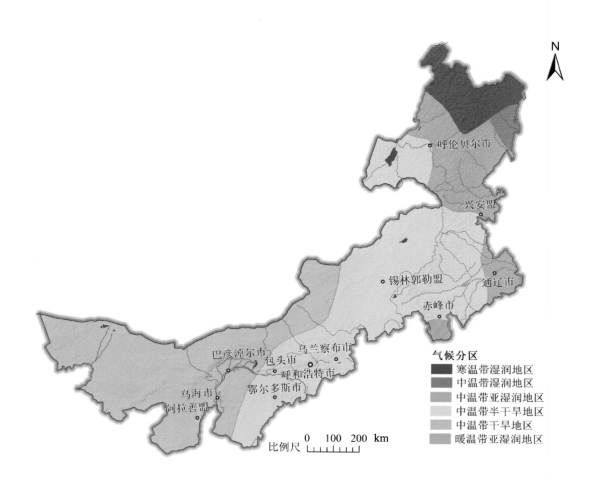

内蒙古 1990—2020 年多年平均气温

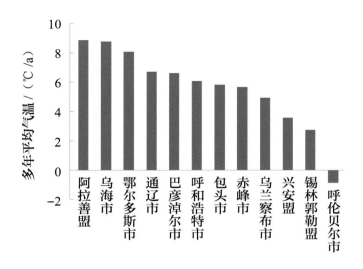

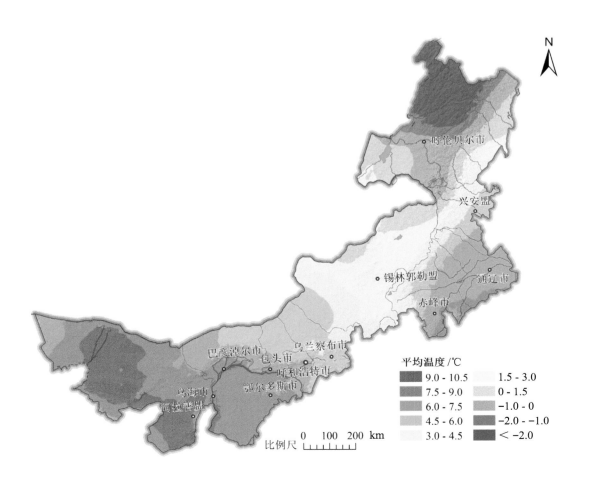

平均温度 /℃

9.0 - 10.5   1.5 - 3.0
7.5 - 9.0   0 - 1.5
6.0 - 7.5   -1.0 - 0
4.5 - 6.0   -2.0 - -1.0
3.0 - 4.5   < -2.0

比例尺 0 100 200 km

内蒙古 1990—2020 年多年平均降水量

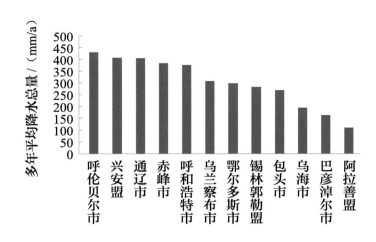

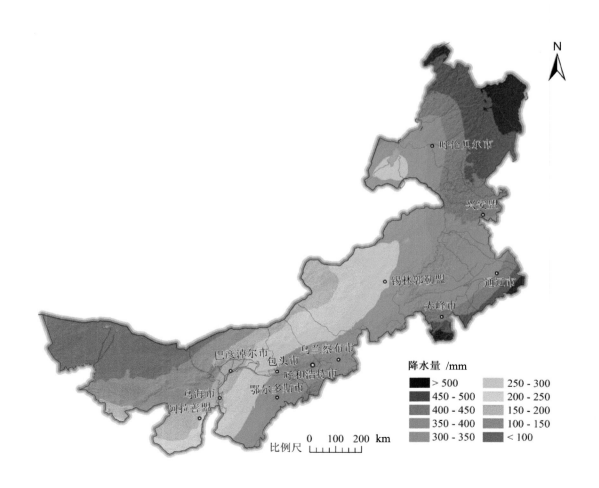

内蒙古 1990 年年平均气温

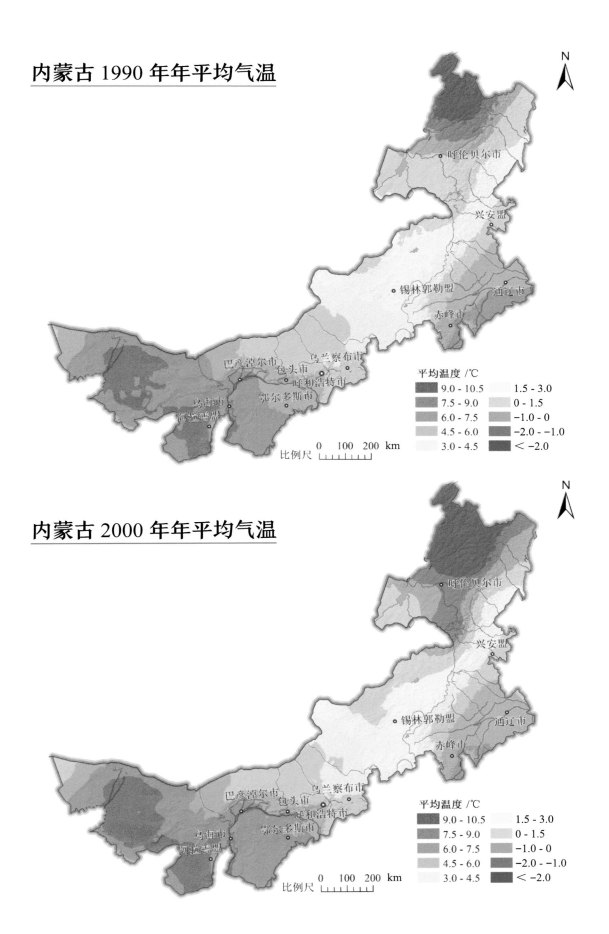

内蒙古 2000 年年平均气温

内蒙古 2010 年年平均气温

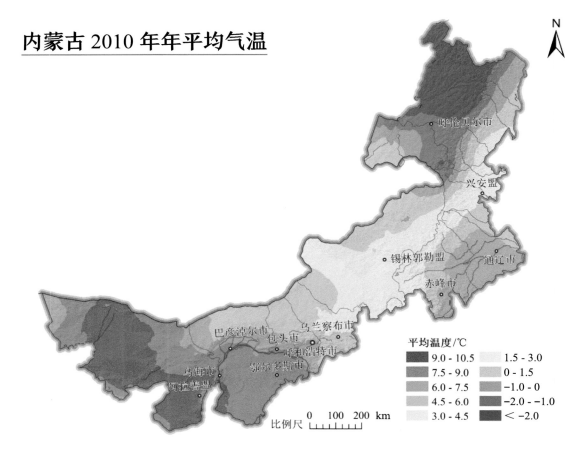

内蒙古 2020 年年平均气温

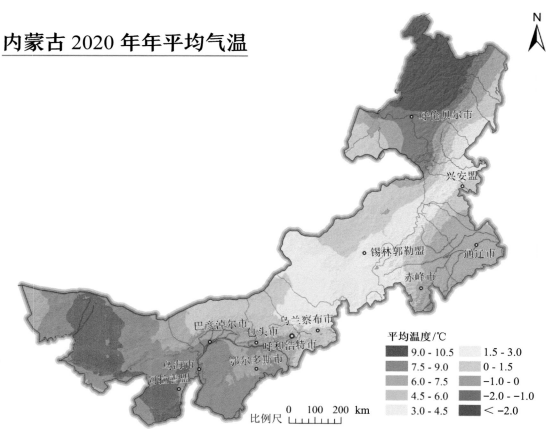

内蒙古 1990 年降水总量

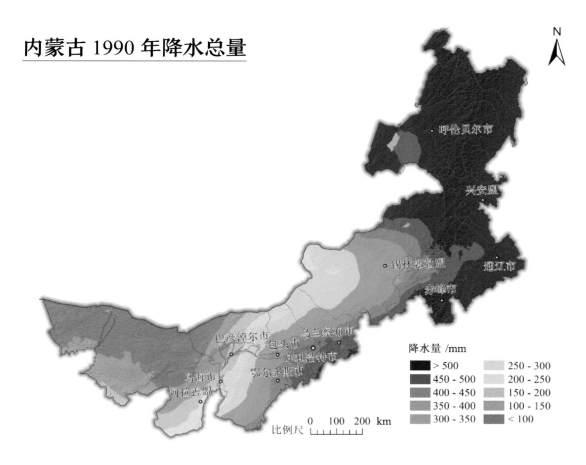

内蒙古 2000 年降水总量

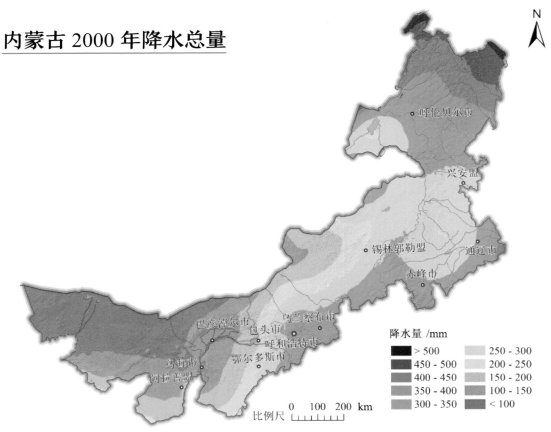

内蒙古 2010 年降水总量

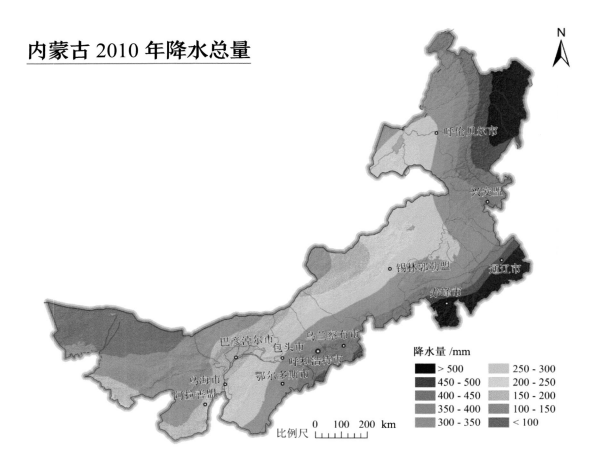

降水量 /mm
- > 500
- 450 - 500
- 400 - 450
- 350 - 400
- 300 - 350
- 250 - 300
- 200 - 250
- 150 - 200
- 100 - 150
- < 100

比例尺 0 100 200 km

内蒙古 2020 年降水总量

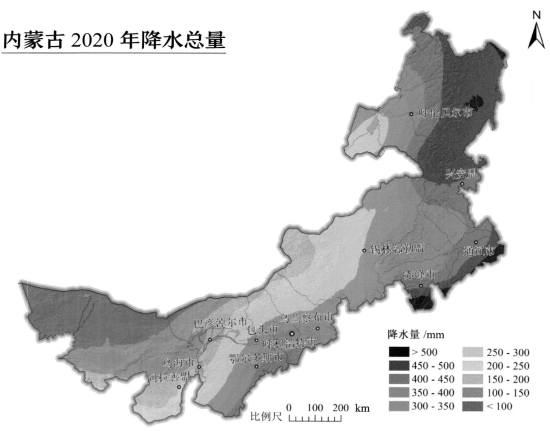

降水量 /mm
- > 500
- 450 - 500
- 400 - 450
- 350 - 400
- 300 - 350
- 250 - 300
- 200 - 250
- 150 - 200
- 100 - 150
- < 100

比例尺 0 100 200 km

内蒙古 1990 年平均风速

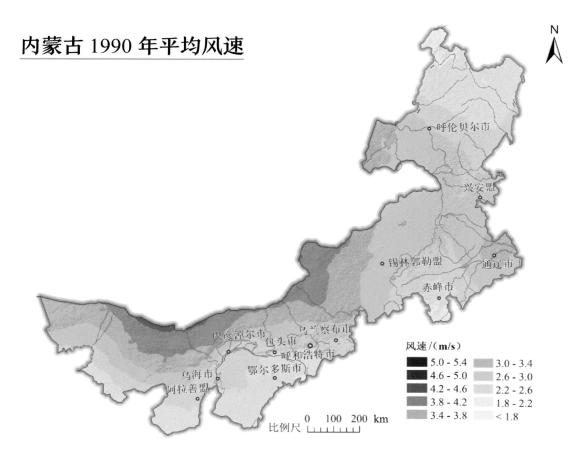

内蒙古 2000 年平均风速

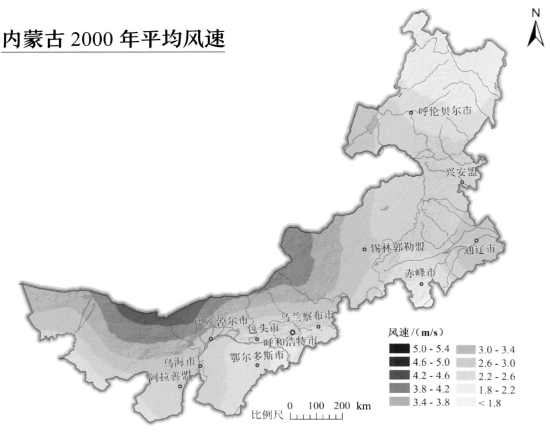

内蒙古 2010 年平均风速

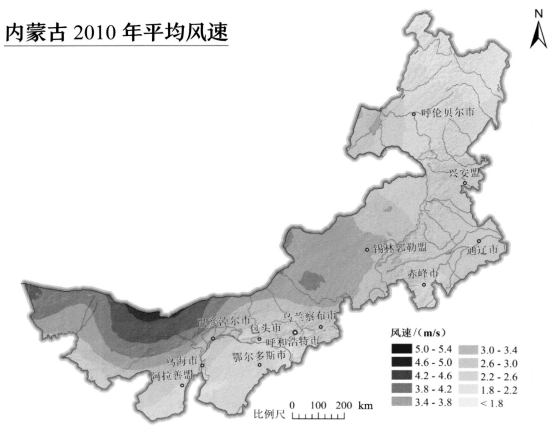

N

风速/（m/s）

■ 5.0 - 5.4	■ 3.0 - 3.4
■ 4.6 - 5.0	2.6 - 3.0
4.2 - 4.6	2.2 - 2.6
3.8 - 4.2	1.8 - 2.2
3.4 - 3.8	< 1.8

比例尺　0　100　200 km

内蒙古 2020 年平均风速

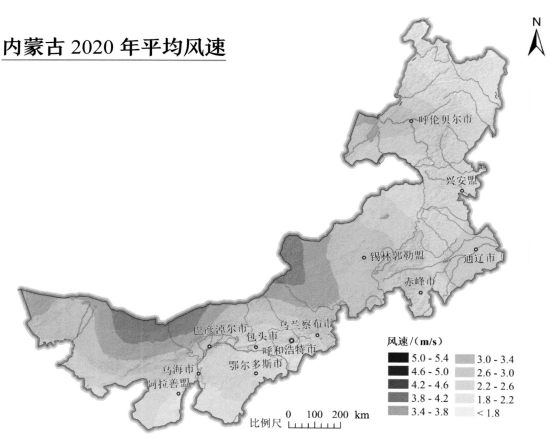

N

风速/（m/s）

■ 5.0 - 5.4	■ 3.0 - 3.4
■ 4.6 - 5.0	2.6 - 3.0
4.2 - 4.6	2.2 - 2.6
3.8 - 4.2	1.8 - 2.2
3.4 - 3.8	< 1.8

比例尺　0　100　200 km

Part2

社 会 经 济 状 况

内蒙古 2000 年人口数量分布

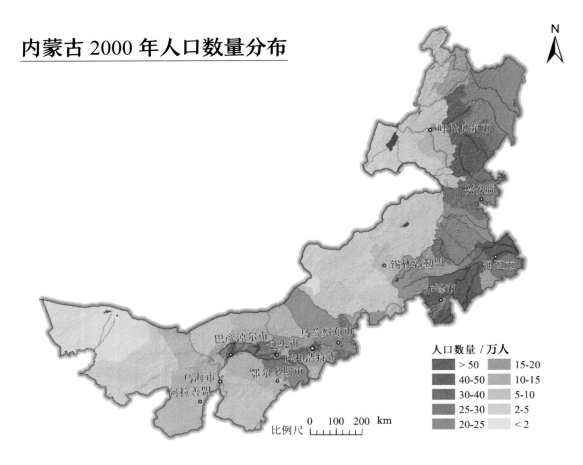

人口数量 / 万人

> 50	15-20
40-50	10-15
30-40	5-10
25-30	2-5
20-25	< 2

比例尺 0 100 200 km

内蒙古 2005 年人口数量分布

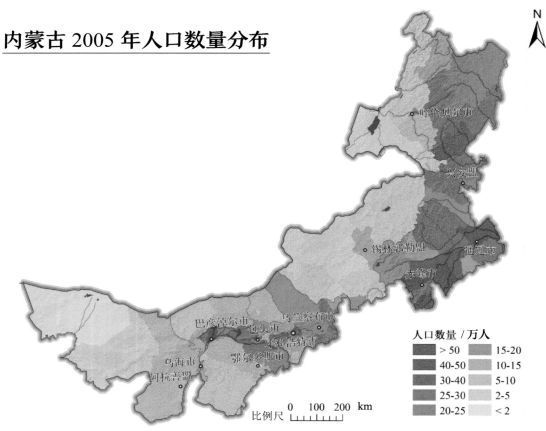

人口数量 / 万人

> 50	15-20
40-50	10-15
30-40	5-10
25-30	2-5
20-25	< 2

比例尺 0 100 200 km

内蒙古 2010 年人口数量分布

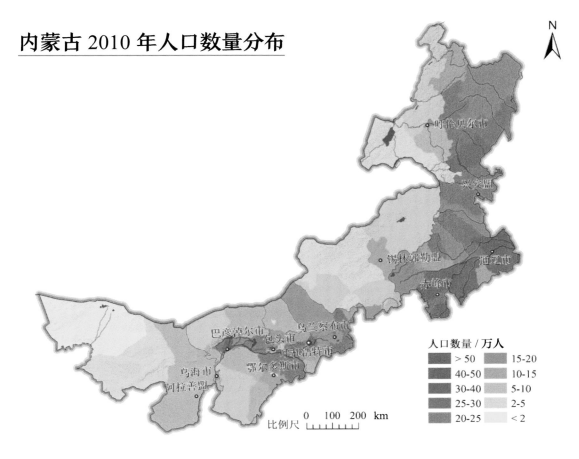

内蒙古 2015 年人口数量分布

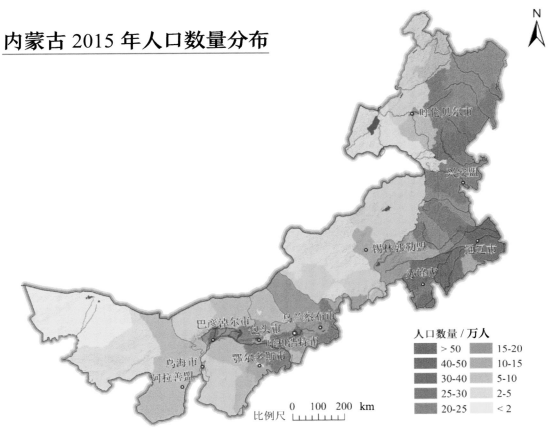

内蒙古 2019 年人口数量分布

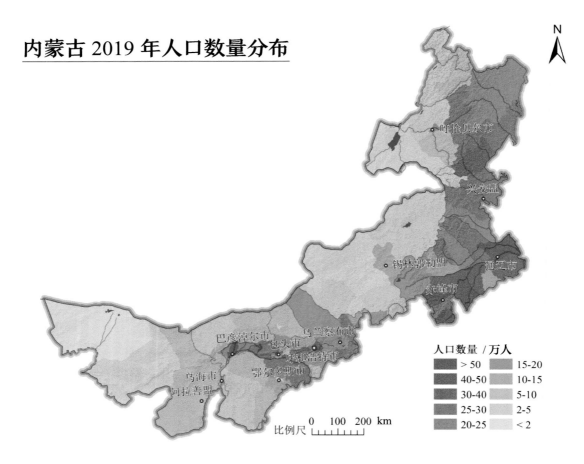

人口数量 / 万人

> 50	15-20
40-50	10-15
30-40	5-10
25-30	2-5
20-25	< 2

比例尺 0 100 200 km

内蒙古 2000 年 GDP 总量分布

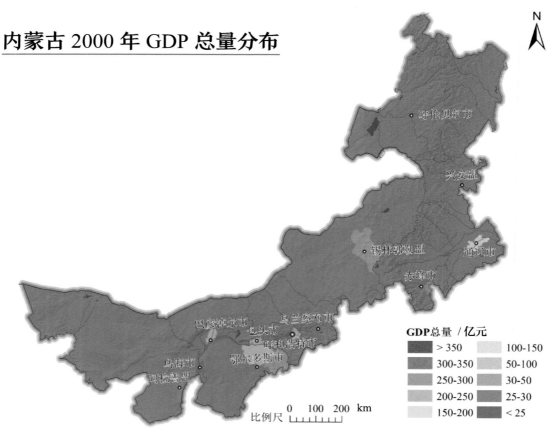

GDP总量 / 亿元

> 350	100-150
300-350	50-100
250-300	30-50
200-250	25-30
150-200	< 25

比例尺 0 100 200 km

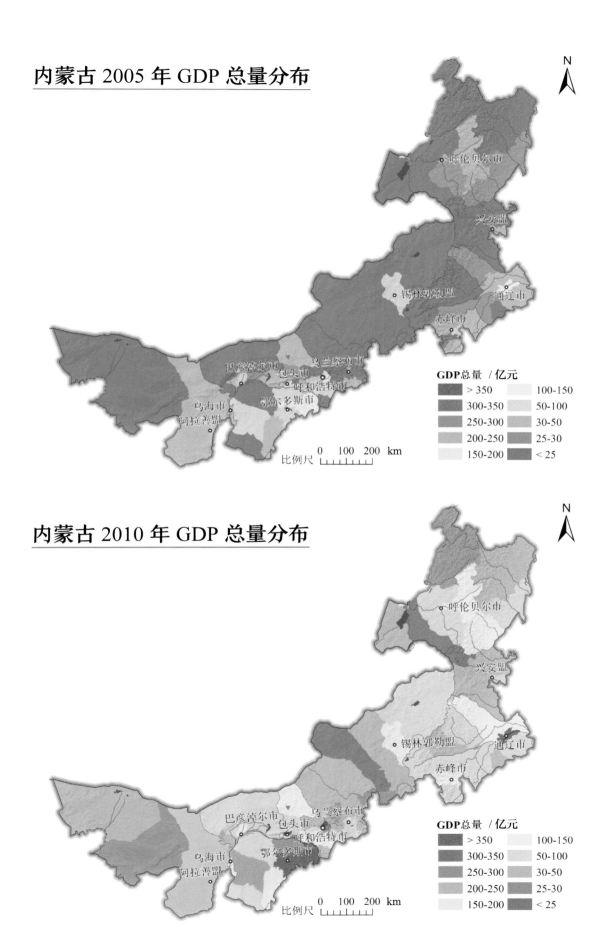

内蒙古 2005 年 GDP 总量分布

内蒙古 2010 年 GDP 总量分布

内蒙古 2015 年 GDP 总量分布

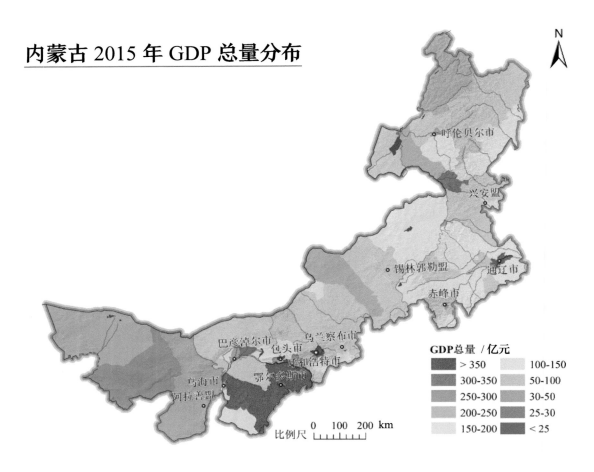

内蒙古 2019 年 GDP 总量分布

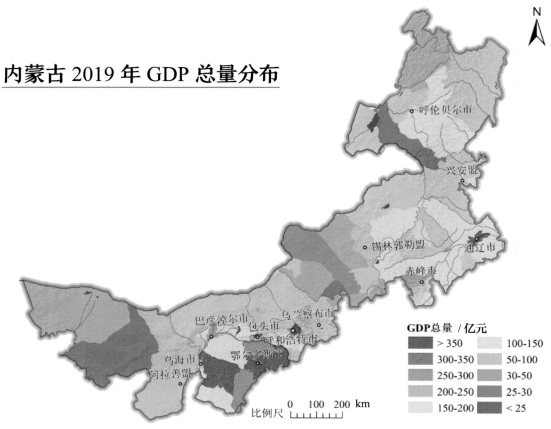

内蒙古 2019 年夜间灯光 (DMSP/OLS) 分布

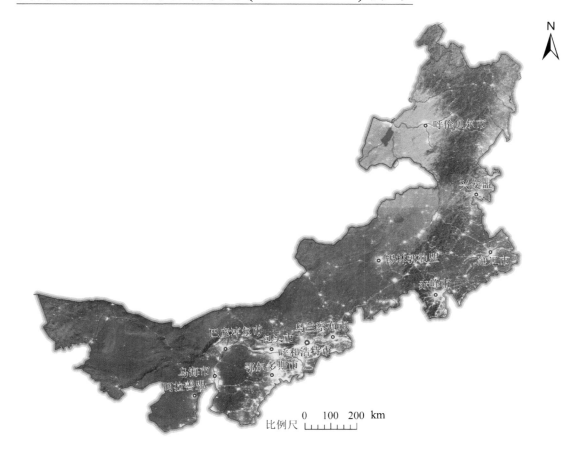

内蒙古呼和浩特市夜景航拍景观

呼伦贝尔市 2019 年夜间灯光 (DMSP/OLS) 分布

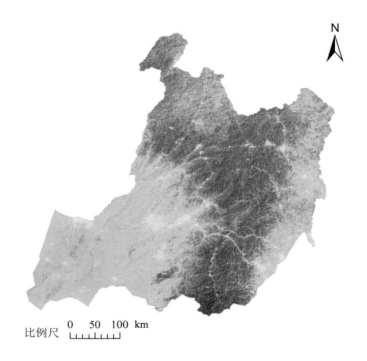

比例尺 0 50 100 km

兴安盟 2019 年夜间灯光 (DMSP/OLS) 分布

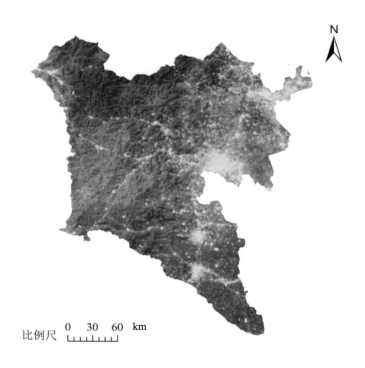

比例尺 0 30 60 km

通辽市 2019 年夜间灯光 (DMSP/OLS) 分布

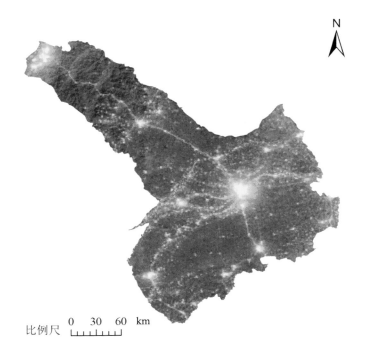

比例尺 0 30 60 km

赤峰市 2019 年夜间灯光 (DMSP/OLS) 分布

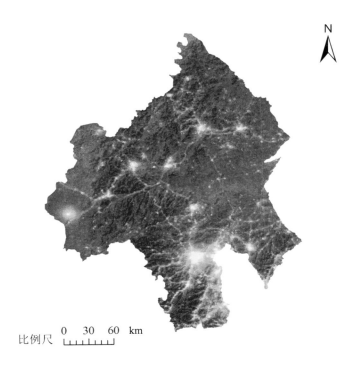

比例尺 0 30 60 km

锡林郭勒盟 2019 年夜间灯光 (DMSP/OLS) 分布

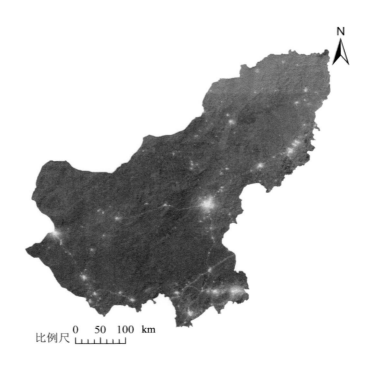

比例尺 0 50 100 km

乌兰察布市 2019 年夜间灯光 (DMSP/OLS) 分布

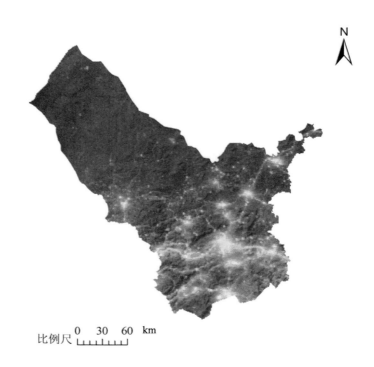

比例尺 0 30 60 km

呼和浩特市 2019 年夜间灯光 (DMSP/OLS) 分布

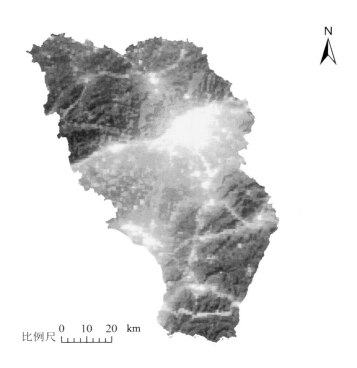

包头市 2019 年夜间灯光 (DMSP/OLS) 分布

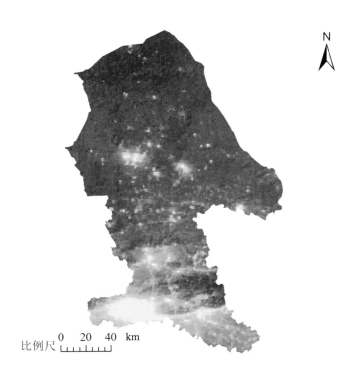

鄂尔多斯市 2019 年夜间灯光 (DMSP/OLS) 分布

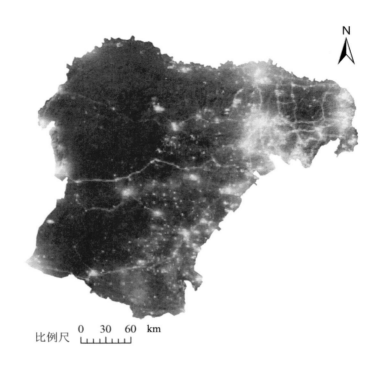

比例尺　0　30　60　km

巴彦淖尔市 2019 年夜间灯光 (DMSP/OLS) 分布

比例尺　0　20　40　km

乌海市 2019 年夜间灯光 (DMSP/OLS) 分布

比例尺　0　8　16　km

阿拉善盟 2019 年夜间灯光 (DMSP/OLS) 分布

比例尺　0　60　120　km

Part3

遥 感 影 像

　　遥感应用即远程数据采集应用，是指采用远程遥感数据采集对资源、环境、灾害、区域、城市等进行调查、监测、分析和预测、预报等方面的工作。随着应用技术越来越成熟，卫星影像应用也更加丰富，从服务于政府、专业客户逐步走向大众应用。

内蒙古 2020 年遥感影像图

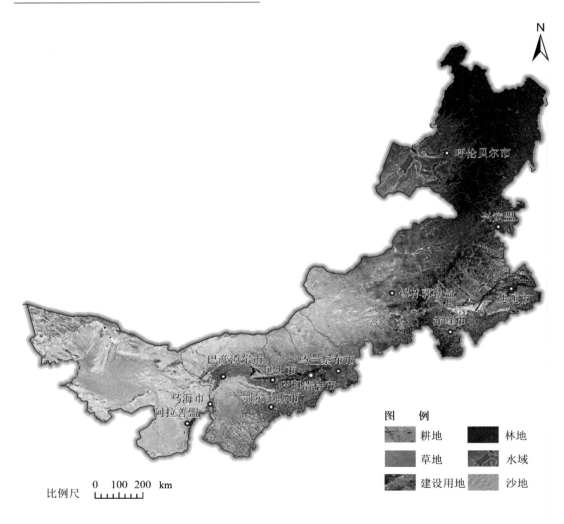

图　例

耕地　　　林地

草地　　　水域

建设用地　沙地

比例尺　0　100　200 km

乌兰察布市遥感影像图

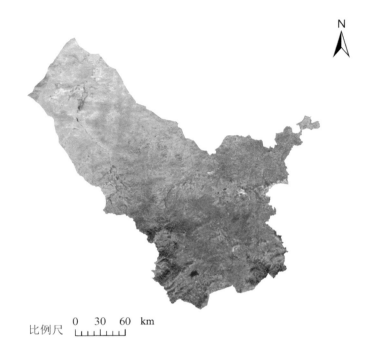

N

比例尺   0 30 60 km

乌海市遥感影像图

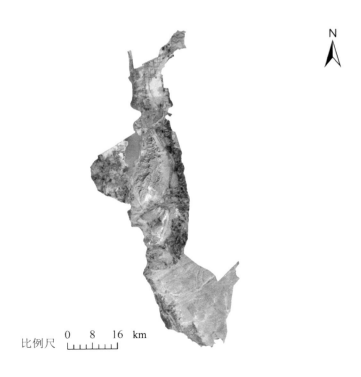

N

比例尺   0 8 16 km

呼伦贝尔市遥感影像图

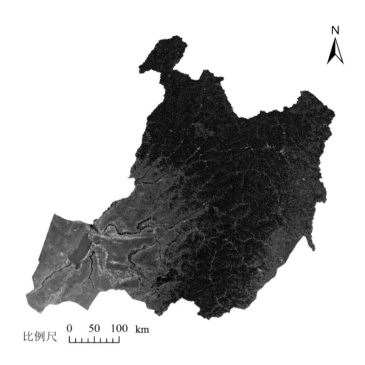

比例尺 0 50 100 km

兴安盟遥感影像图

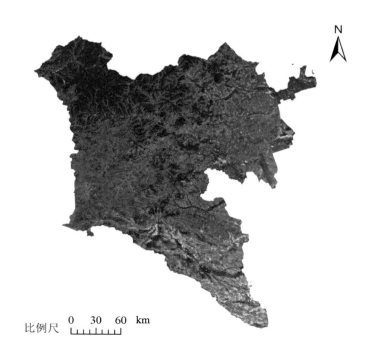

比例尺 0 30 60 km

通辽市遥感影像图

N

比例尺　0　30　60　km

赤峰市遥感影像图

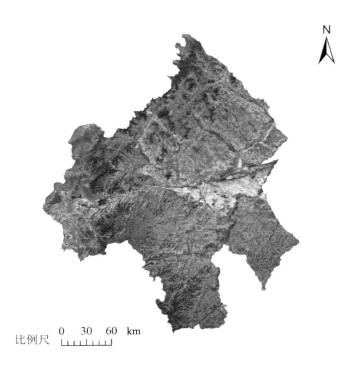

N

比例尺　0　30　60　km

锡林郭勒盟遥感影像图

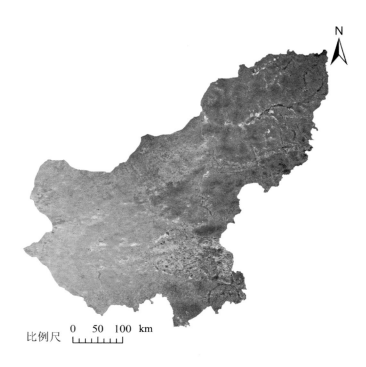

比例尺
0　50　100 km

呼和浩特市遥感影像图

比例尺
0　10　20 km

包头市遥感影像图

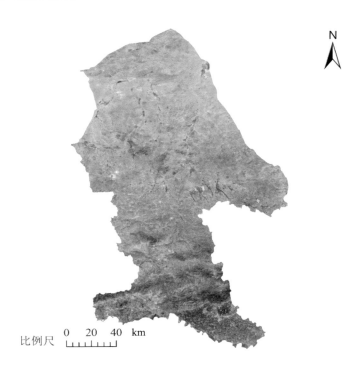

N

比例尺 | 0 20 40 km

巴彦淖尔市遥感影像图

N

比例尺 | 0 20 40 km

鄂尔多斯市遥感影像图

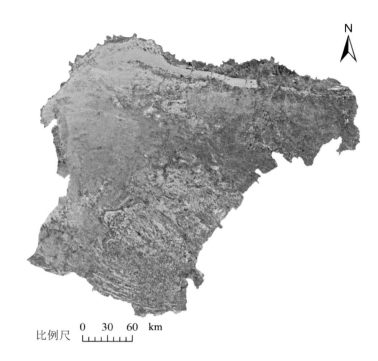

比例尺 0 30 60 km

阿拉善盟遥感影像图

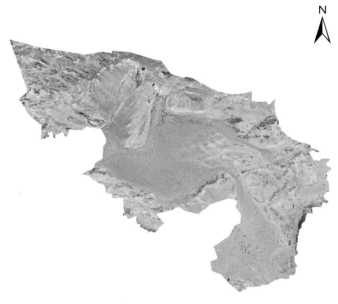

比例尺 0 60 120 km

内蒙古"一湖两海"遥感影像图

呼伦湖　　　　　　　　乌梁素海　　　　　　　　岱海

比例尺　0　10 20 km　　　　　比例尺　0　5　10 km　　　　　比例尺　0　3　6 km

呼伦贝尔市城市影像

兴安盟城市影像

通辽市城市影像

赤峰市城市影像

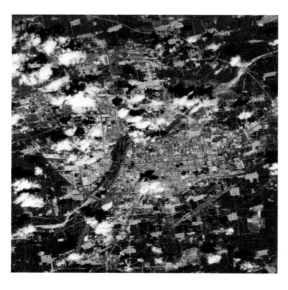

锡林郭勒盟城市影像

乌兰察布市城市影像

呼和浩特市城市影像

包头市城市影像

巴彦淖尔市城市影像

鄂尔多斯市城市影像

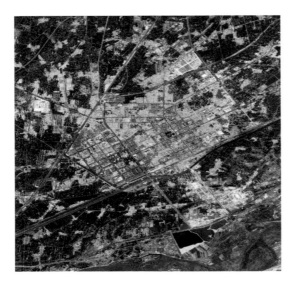

乌海市城市影像

阿拉善盟城市影像

Part4

生态系统宏观结构

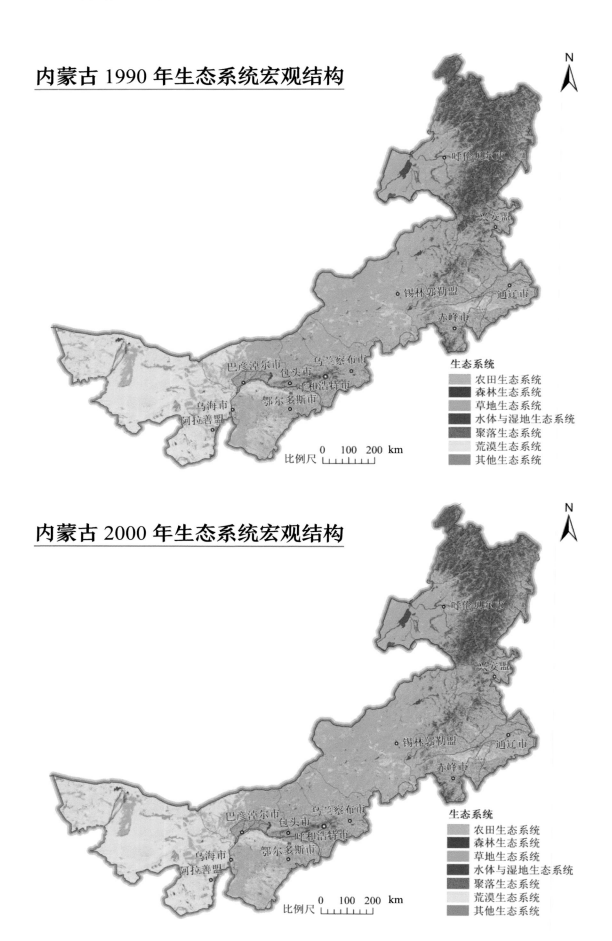

内蒙古 1990 年生态系统宏观结构

内蒙古 2000 年生态系统宏观结构

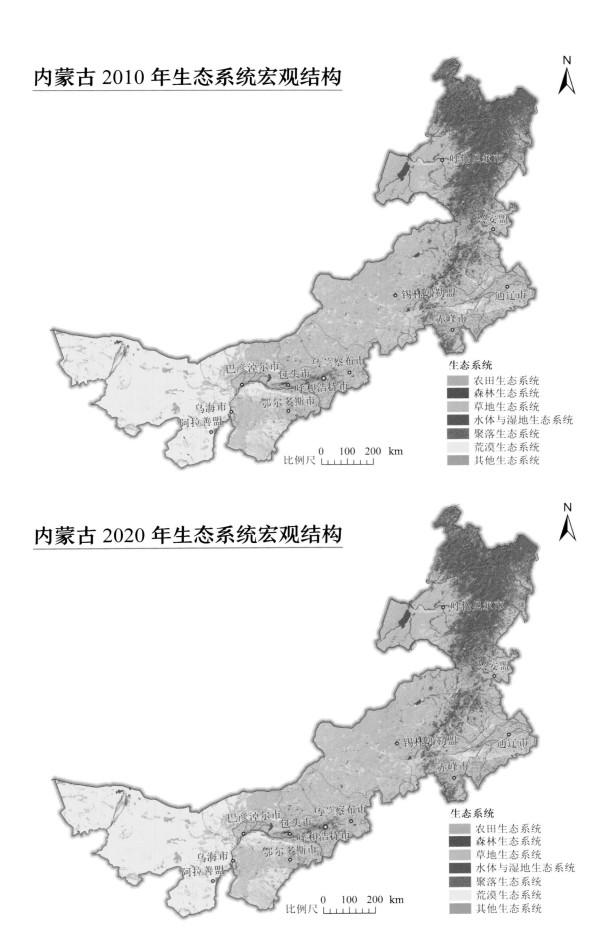

内蒙古 2010 年生态系统宏观结构

内蒙古 2020 年生态系统宏观结构

内蒙古 1990 年农田生态系统

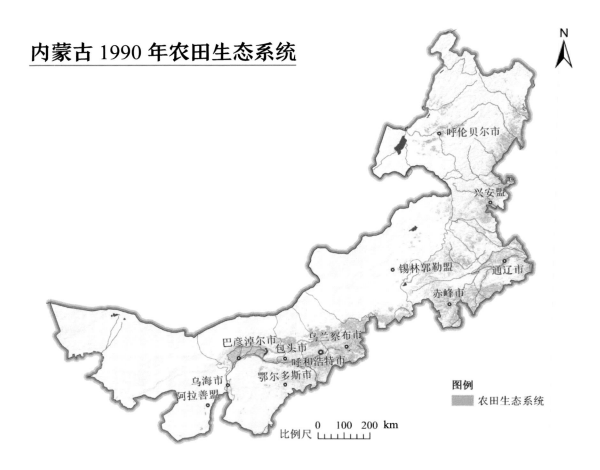

内蒙古 2000 年农田生态系统

内蒙古 2010 年农田生态系统

内蒙古 2020 年农田生态系统

内蒙古 1990 年森林生态系统

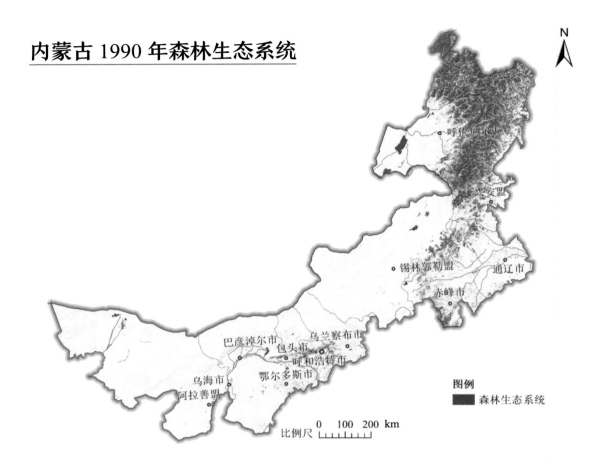

图例
■ 森林生态系统

内蒙古 2000 年森林生态系统

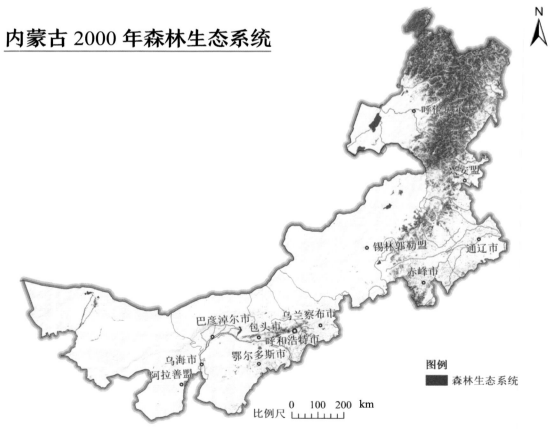

图例
■ 森林生态系统

内蒙古 2010 年森林生态系统

内蒙古 2020 年森林生态系统

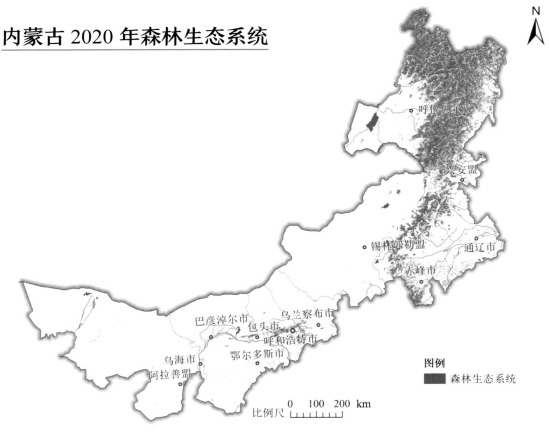

内蒙古 1990 年草地生态系统

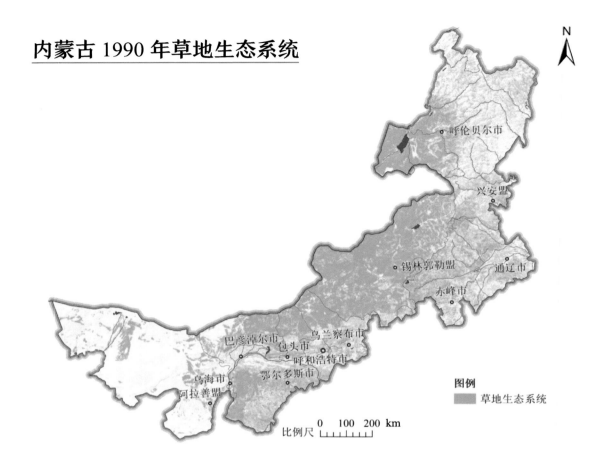

图例
草地生态系统

比例尺 0 100 200 km

内蒙古 2000 年草地生态系统

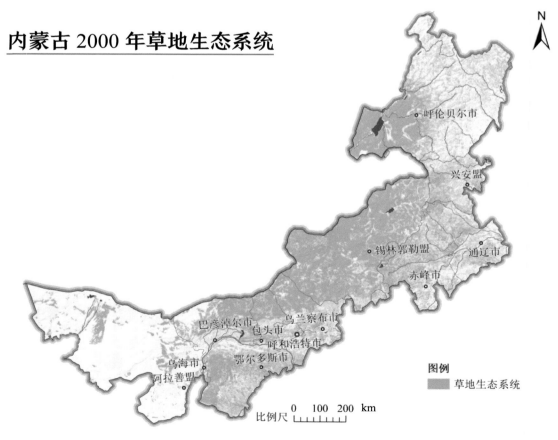

图例
草地生态系统

比例尺 0 100 200 km

内蒙古 2010 年草地生态系统

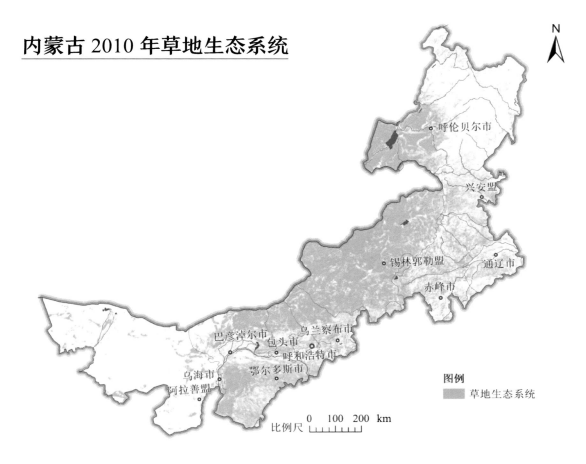

内蒙古 2020 年草地生态系统

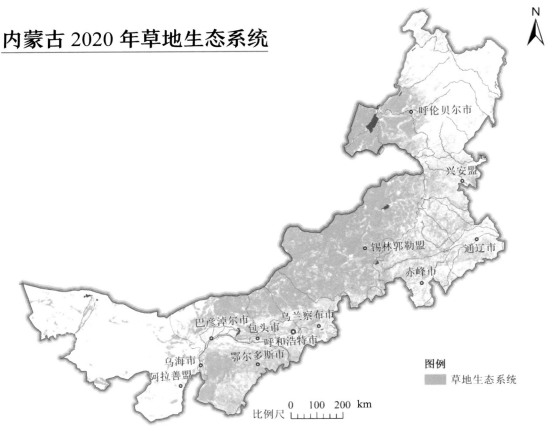

内蒙古 1990 年荒漠生态系统

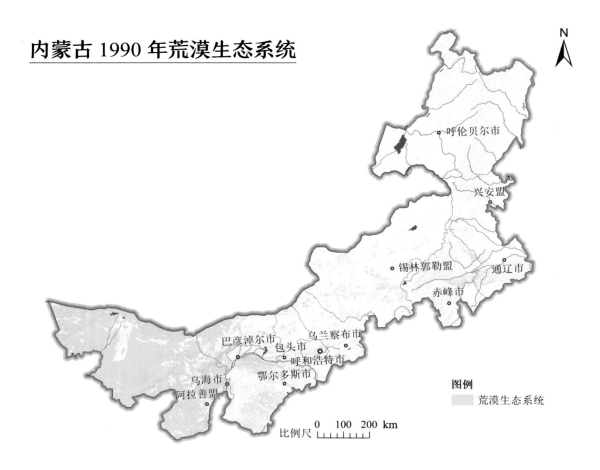

内蒙古 2000 年荒漠生态系统

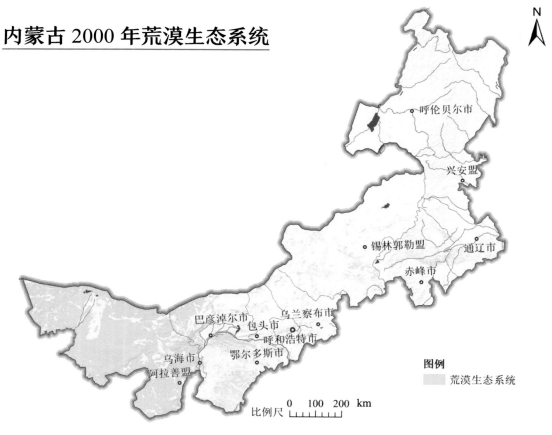

内蒙古 2010 年荒漠生态系统

内蒙古 2020 年荒漠生态系统

内蒙古 2020 年"三生"空间分布格局

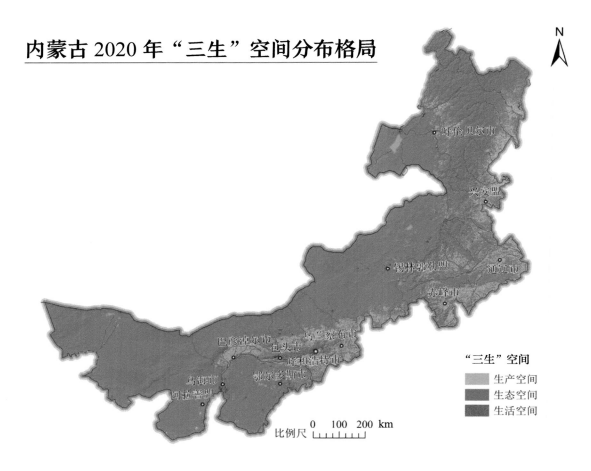

内蒙古 2020 年生产空间分布

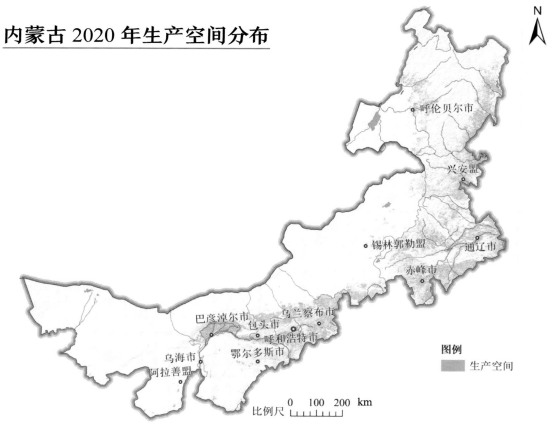

内蒙古 2020 年生态空间分布

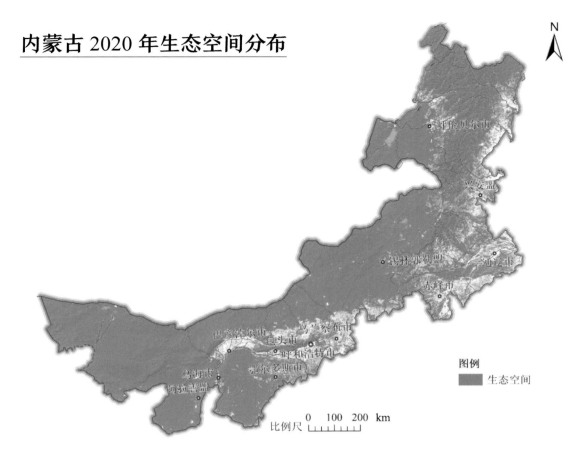

内蒙古 2020 年生活空间分布

Part5

土地利用 / 覆盖结构

内蒙古 1990 年土地利用 / 覆盖结构

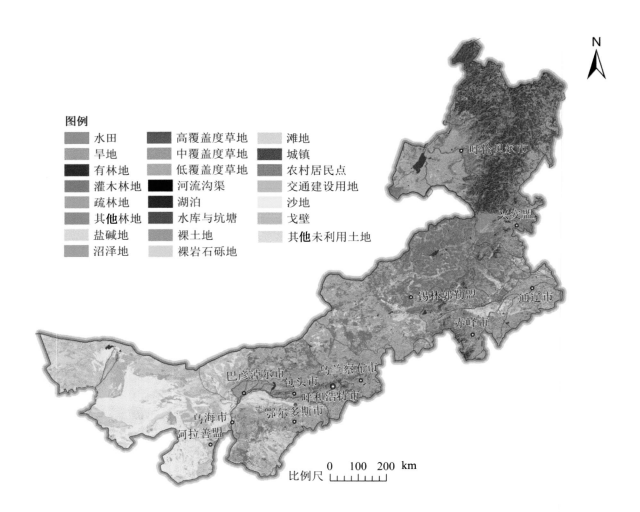

内蒙古 2000 年土地利用 / 覆盖结构

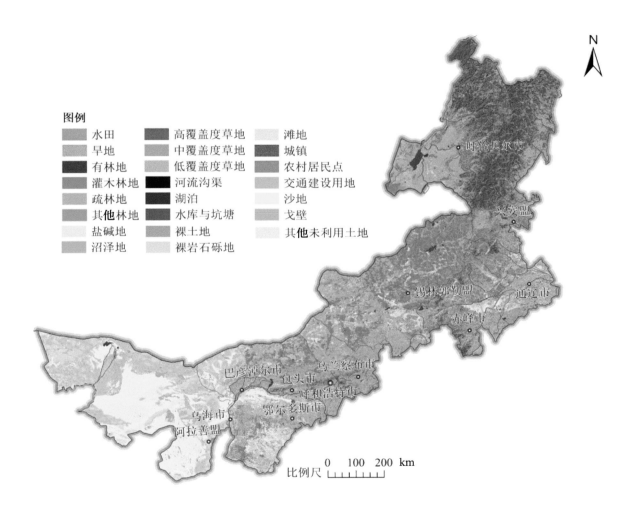

图例

水田	高覆盖度草地	滩地
旱地	中覆盖度草地	城镇
有林地	低覆盖度草地	农村居民点
灌木林地	河流沟渠	交通建设用地
疏林地	湖泊	沙地
其他林地	水库与坑塘	戈壁
盐碱地	裸土地	其他未利用土地
沼泽地	裸岩石砾地	

呼伦贝尔市
兴安盟
锡林郭勒盟
通辽市
赤峰市
巴彦淖尔市　乌兰察布市
包头市
呼和浩特市
乌海市　鄂尔多斯市
阿拉善盟

0 100 200 km
比例尺

内蒙古 2010 年土地利用 / 覆盖结构

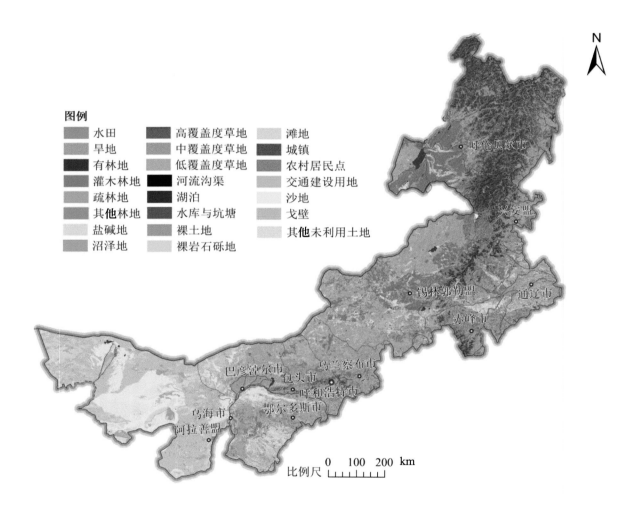

内蒙古 2020 年土地利用 / 覆盖结构

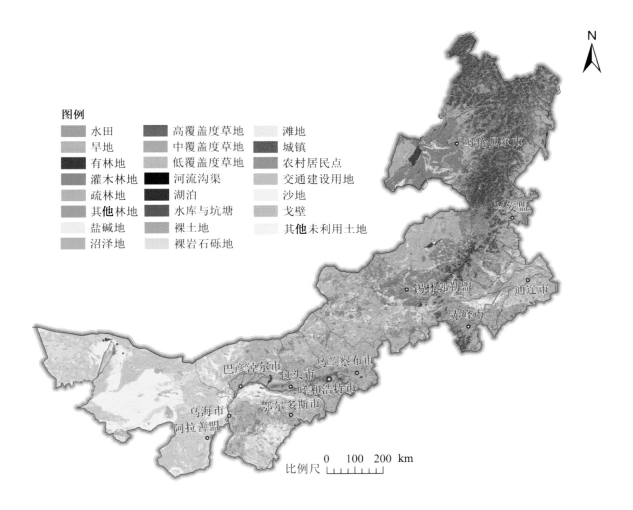

内蒙古 2020 年耕地分布

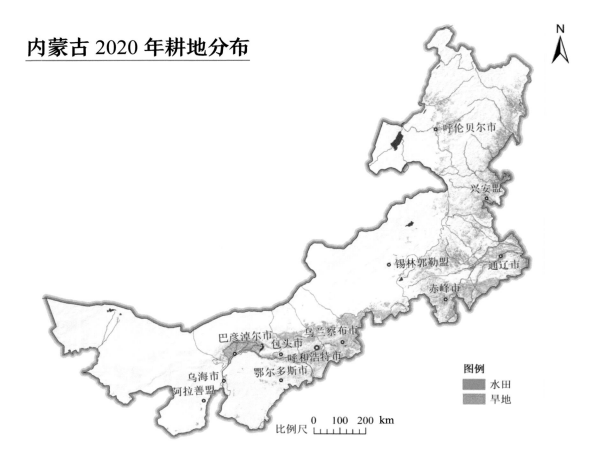

内蒙古 2020 年林地分布

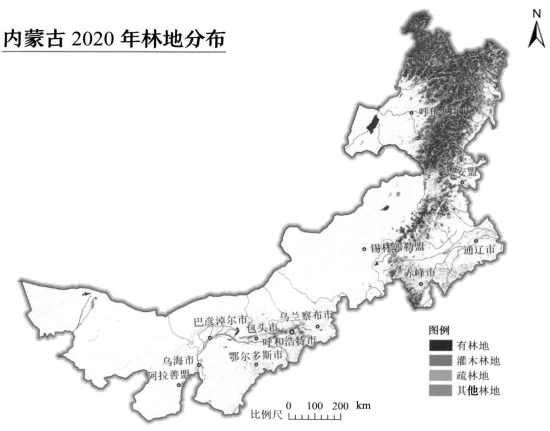

内蒙古 2020 年草地分布

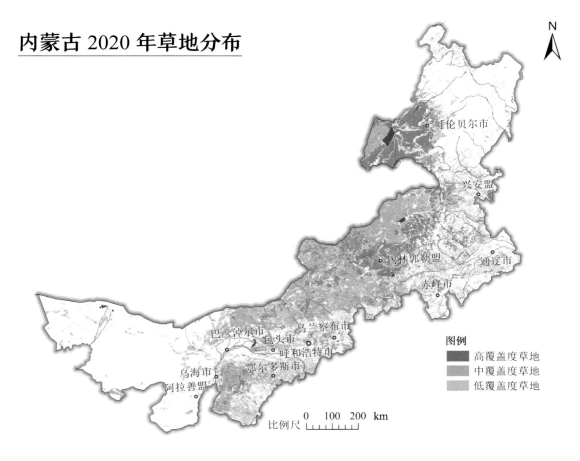

图例
高覆盖度草地
中覆盖度草地
低覆盖度草地

0 100 200 km
比例尺

内蒙古 2020 年水域与湿地分布

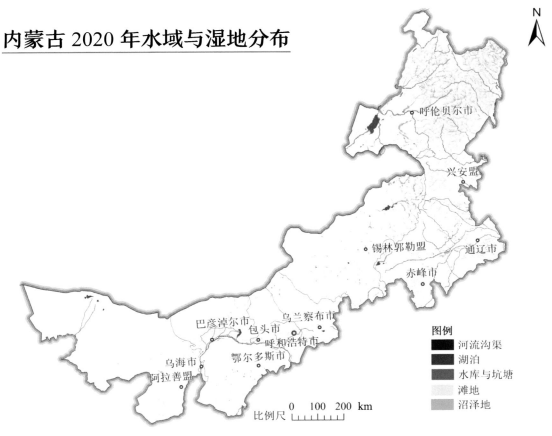

图例
河流沟渠
湖泊
水库与坑塘
滩地
沼泽地

0 100 200 km
比例尺

内蒙古 2020 年建设用地分布

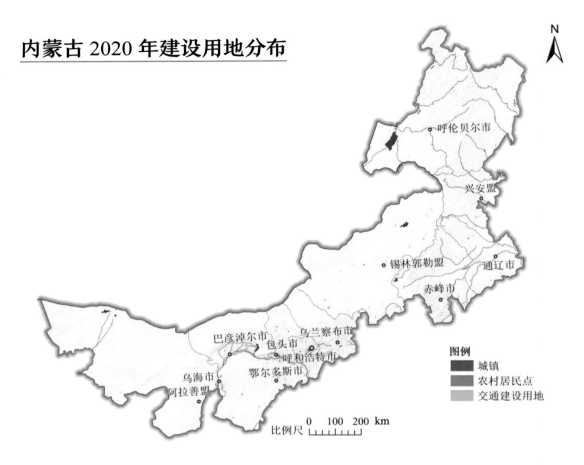

内蒙古 2020 年未利用地分布

内蒙古 2020 年林地覆盖类型

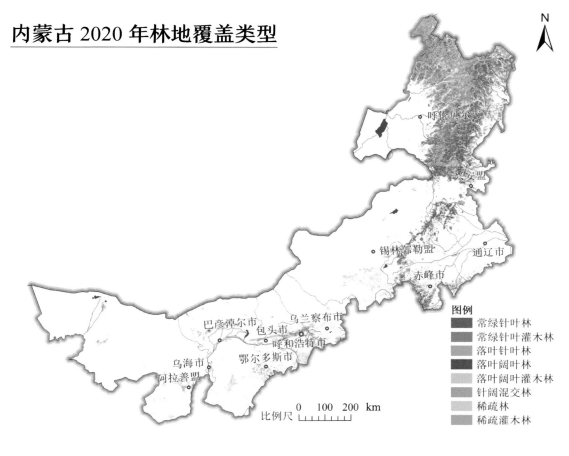

图例
- 常绿针叶林
- 常绿针叶灌木林
- 落叶针叶林
- 落叶阔叶林
- 落叶阔叶灌木林
- 针阔混交林
- 稀疏林
- 稀疏灌木林

内蒙古 2020 年湿地分布

图例
- 森林沼泽
- 灌丛沼泽
- 草本沼泽

内蒙古地级行政区城市内部土地覆盖空间格局

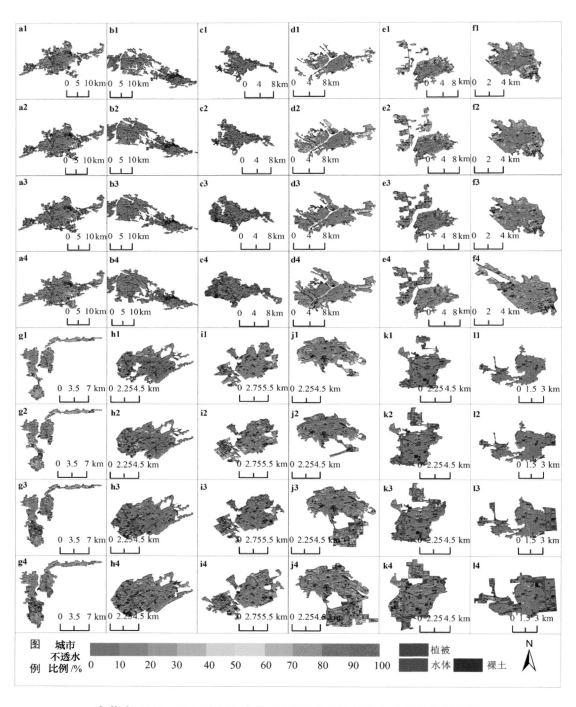

内蒙古 2000—2020 年 12 个地级行政区城市内部土地覆盖空间格局

注：a. 呼和浩特；b. 包头市；c. 鄂尔多斯市；d. 赤峰市；e. 通辽市；f. 兴安盟；g. 呼伦贝尔市；h. 巴彦淖尔市；i. 锡林郭勒盟；j. 乌兰察布市；k. 乌海市；l. 阿拉善盟；1、2、3、4 分别代表 2000 年、2005 年、2010 年和 2020 年。

内蒙古地级行政区城市绿地分布

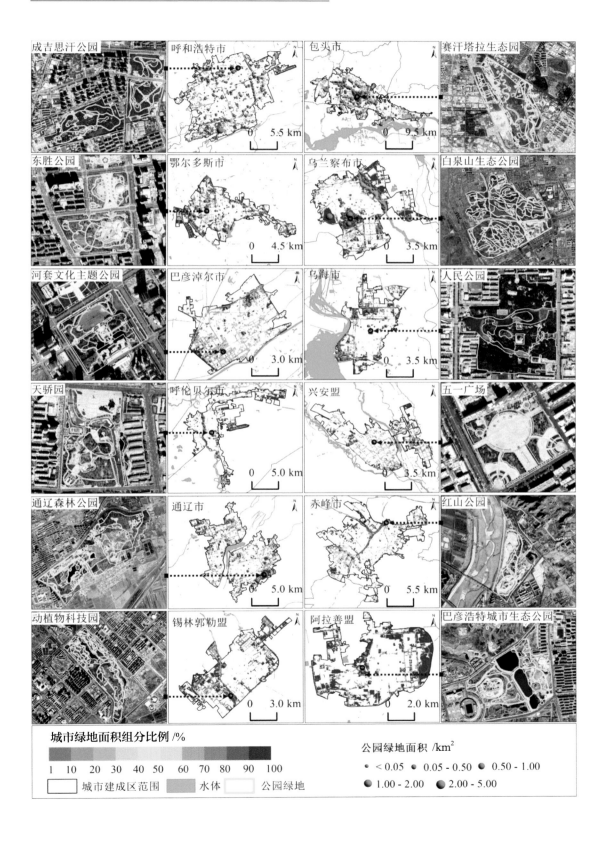

成吉思汗公园　呼和浩特市　包头市　赛汗塔拉生态园
东胜公园　鄂尔多斯市　乌兰察布市　白泉山生态公园
河套文化主题公园　巴彦淖尔市　乌海市　人民公园
天骄园　呼伦贝尔市　兴安盟　五一广场
通辽森林公园　通辽市　赤峰市　红山公园
动植物科技园　锡林郭勒盟　阿拉善盟　巴彦浩特城市生态公园

城市绿地面积组分比例 /%
1 10 20 30 40 50 60 70 80 90 100
城市建成区范围　水体　公园绿地

公园绿地面积 /km²
< 0.05　0.05 - 0.50　0.50 - 1.00
1.00 - 2.00　2.00 - 5.00

Part6

耕地质量本底状况

内蒙古 2018 年耕地遥感监测

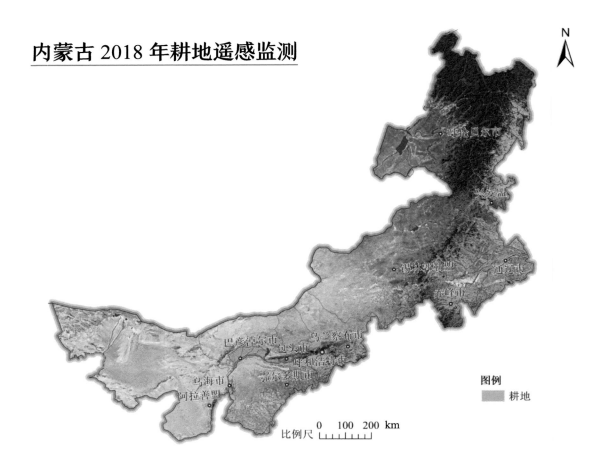

图例
　耕地

比例尺　0　100　200 km

内蒙古 1990—2018 年耕地时空变化

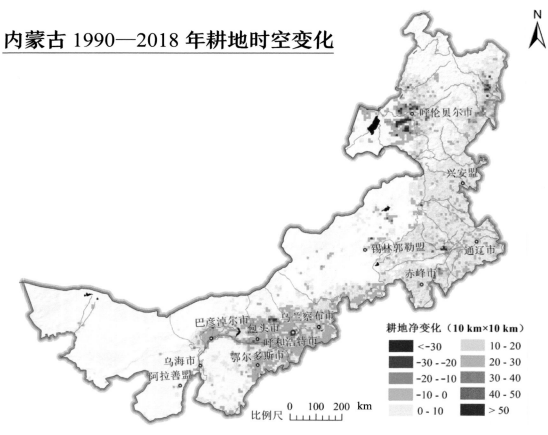

耕地净变化（10 km×10 km）

<-30	10 - 20
-30 - -20	20 - 30
-20 - -10	30 - 40
-10 - 0	40 - 50
0 - 10	> 50

比例尺　0　100　200 km

内蒙古 2018 年主要农作物分布

内蒙古 2018 年农田耗水量

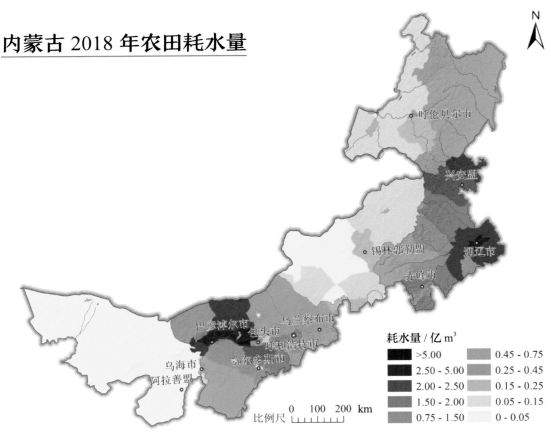

内蒙古农田酸碱度分布

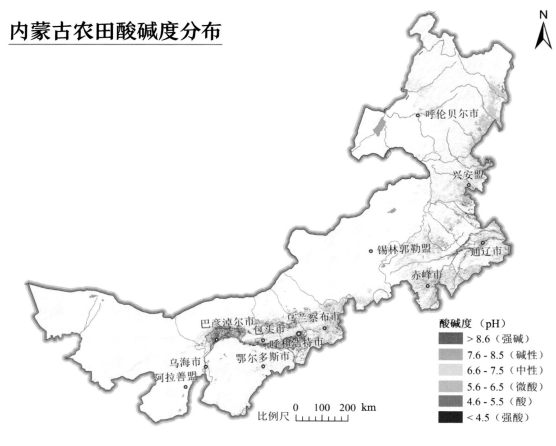

酸碱度（pH）
- > 8.6（强碱）
- 7.6 - 8.5（碱性）
- 6.6 - 7.5（中性）
- 5.6 - 6.5（微酸）
- 4.6 - 5.5（酸）
- < 4.5（强酸）

0 100 200 km
比例尺

内蒙古 2018 年农田灌溉能力状况

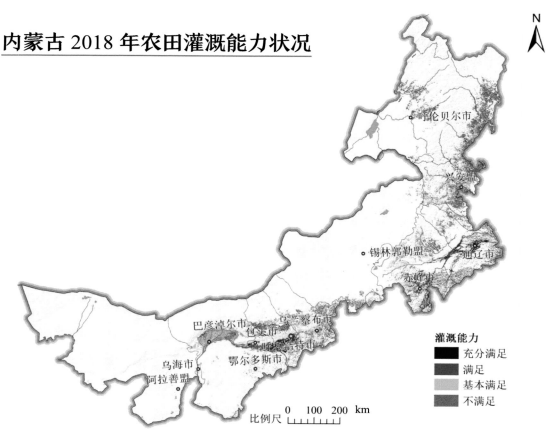

灌溉能力
- 充分满足
- 满足
- 基本满足
- 不满足

0 100 200 km
比例尺

内蒙古 2018 年农田排水能力状况

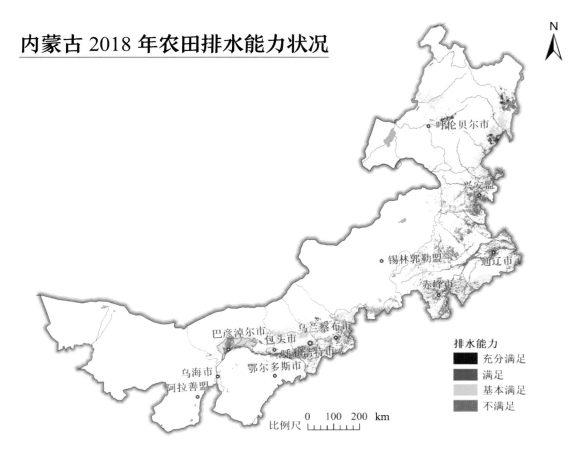

排水能力
- 充分满足
- 满足
- 基本满足
- 不满足

0 100 200 km
比例尺

内蒙古农田田面坡度

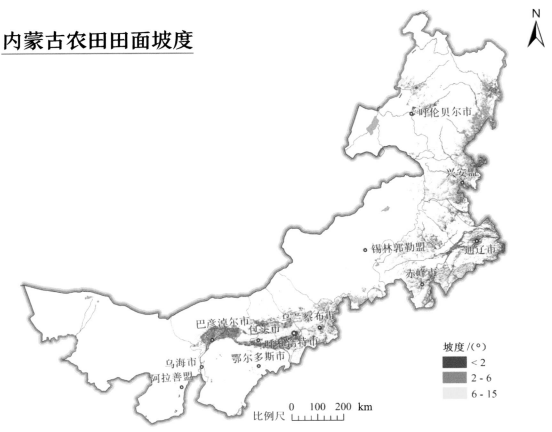

坡度/(°)
- < 2
- 2 - 6
- 6 - 15

0 100 200 km
比例尺

内蒙古农田地形部位状况

内蒙古农田耕层质地状况

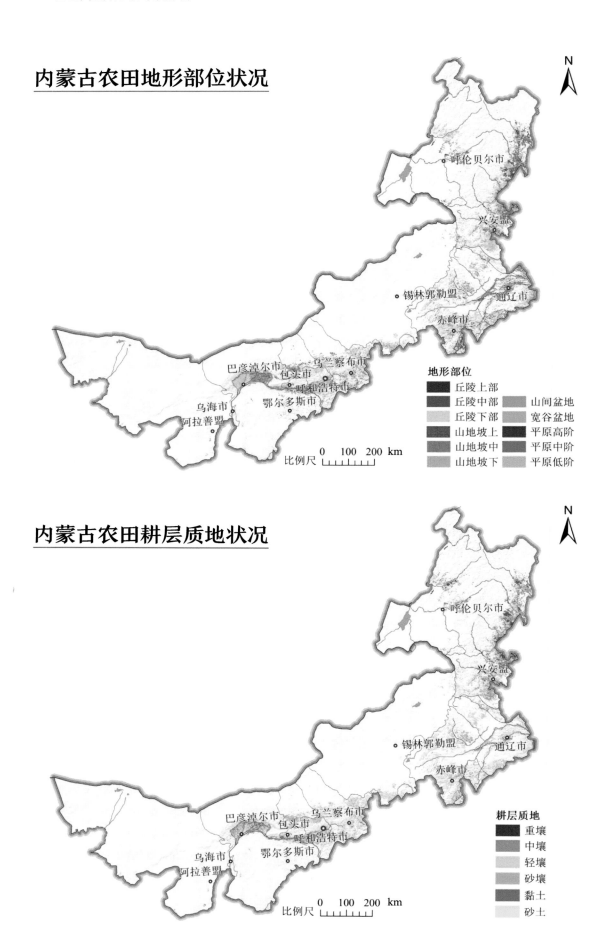

内蒙古 2018 年农田林网化

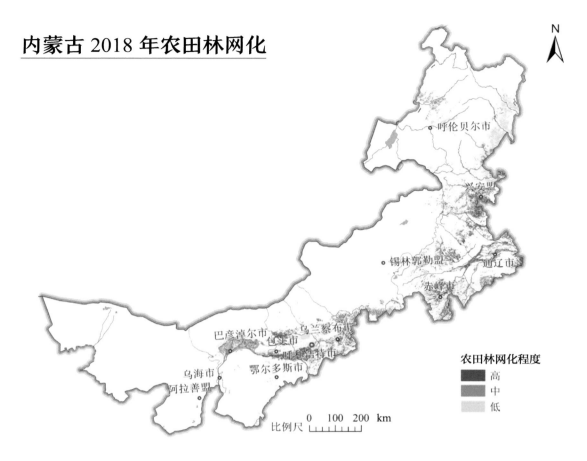

内蒙古农田生物多样性状况

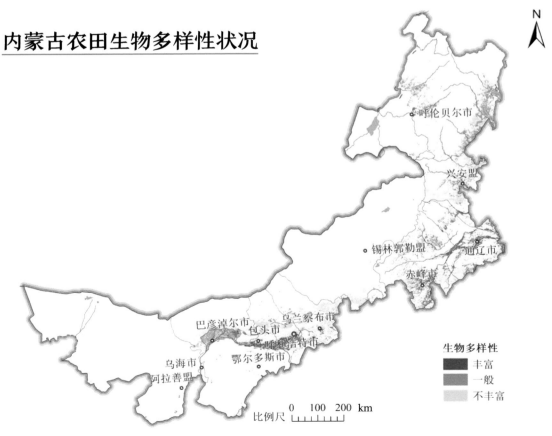

内蒙古 2018 年耕地全氮含量分布

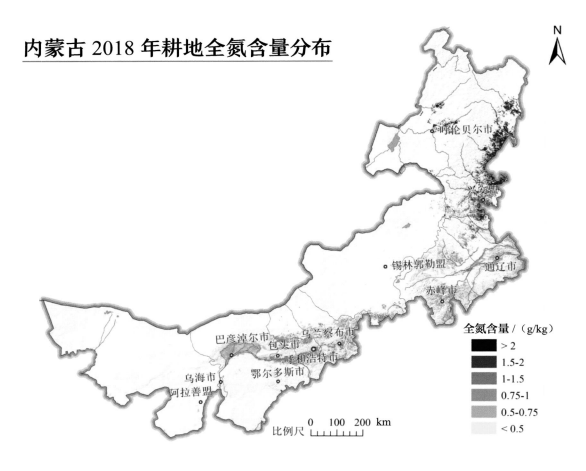

全氮含量 /（g/kg）
- \> 2
- 1.5-2
- 1-1.5
- 0.75-1
- 0.5-0.75
- < 0.5

比例尺 0 100 200 km

内蒙古 2018 年耕地速效钾含量分布

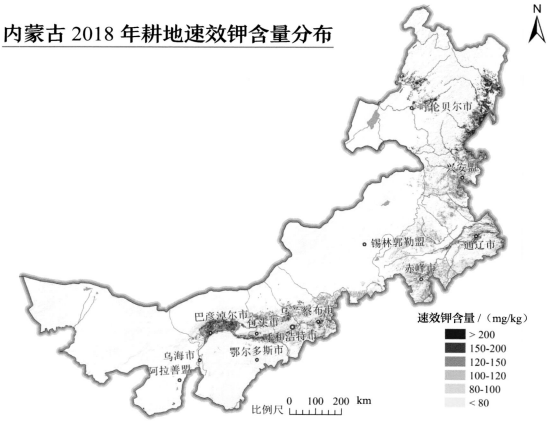

速效钾含量 /（mg/kg）
- \> 200
- 150-200
- 120-150
- 100-120
- 80-100
- < 80

比例尺 0 100 200 km

内蒙古 2018 年耕地有机质含量分布

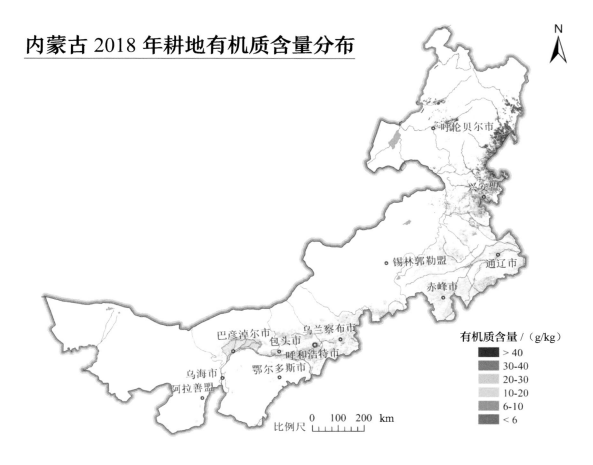

有机质含量 /（g/kg）
- \> 40
- 30-40
- 20-30
- 10-20
- 6-10
- < 6

内蒙古 2018 年耕地有效磷含量分布

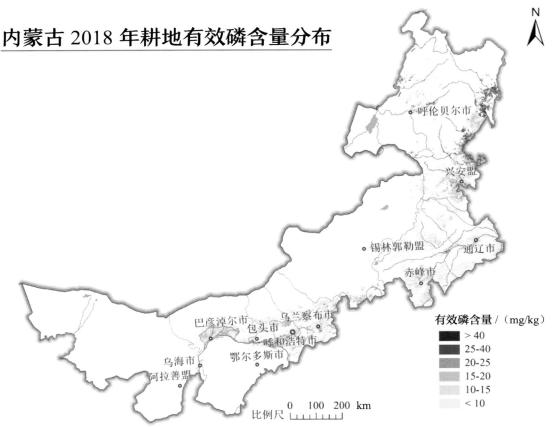

有效磷含量 /（mg/kg）
- \> 40
- 25-40
- 20-25
- 15-20
- 10-15
- < 10

内蒙古 2018 年耕地有效硫含量分布

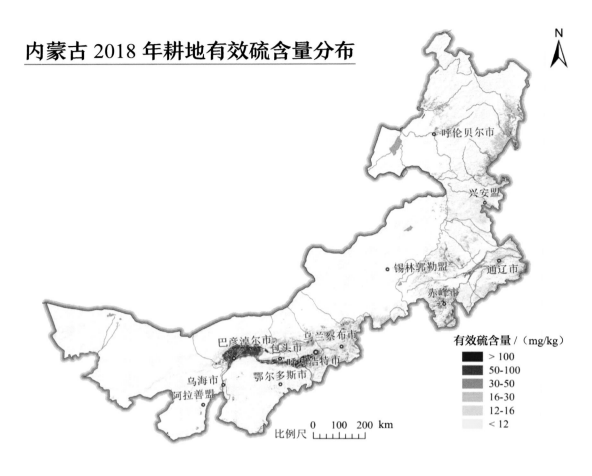

有效硫含量 /（mg/kg）
- \> 100
- 50-100
- 30-50
- 16-30
- 12-16
- < 12

比例尺 0 100 200 km

内蒙古 2018 年耕地有效钼含量分布

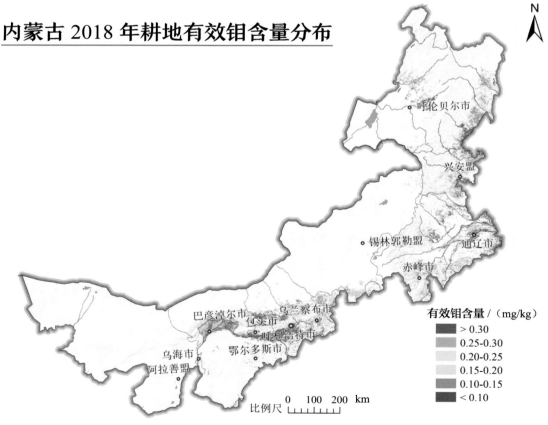

有效钼含量 /（mg/kg）
- \> 0.30
- 0.25-0.30
- 0.20-0.25
- 0.15-0.20
- 0.10-0.15
- < 0.10

比例尺 0 100 200 km

内蒙古 2018 年耕地有效硼含量分布

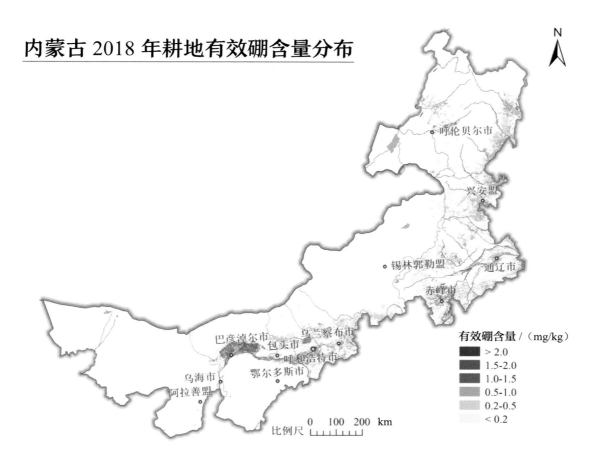

有效硼含量 /（mg/kg）
- \> 2.0
- 1.5-2.0
- 1.0-1.5
- 0.5-1.0
- 0.2-0.5
- \< 0.2

比例尺 0 100 200 km

内蒙古 2018 年耕地有效锌含量分布

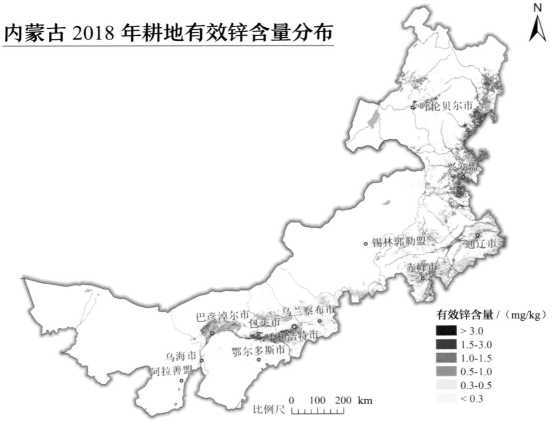

有效锌含量 /（mg/kg）
- \> 3.0
- 1.5-3.0
- 1.0-1.5
- 0.5-1.0
- 0.3-0.5
- \< 0.3

比例尺 0 100 200 km

内蒙古 2018 年耕地质量等级评价

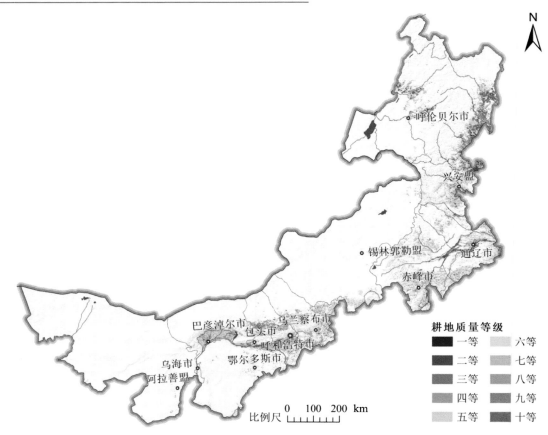

耕地质量等级
一等　　六等
二等　　七等
三等　　八等
四等　　九等
五等　　十等

比例尺　0　100　200 km

Part 7

关键生态参数及服务功能

内蒙古 2000 年植被覆盖度分布

　　植被覆盖度是指植被（包括叶、茎、枝）在地面的垂直投影面积占统计区总面积的百分比。植被覆盖度的测量可分为地面测量和遥感估算两种方法。地面测量常用于田间尺度，遥感估算常用于区域尺度。本制图采用 MODIS250 m 数据计算获取。

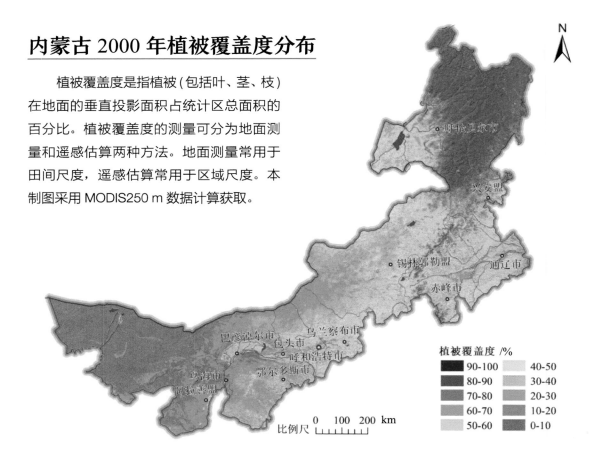

植被覆盖度 /%	
90-100	40-50
80-90	30-40
70-80	20-30
60-70	10-20
50-60	0-10

内蒙古 2005 年植被覆盖度分布

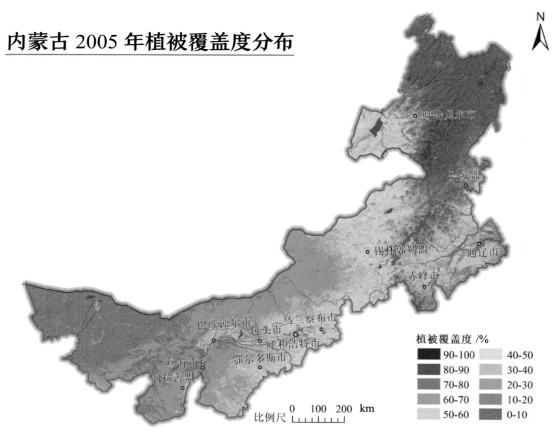

植被覆盖度 /%	
90-100	40-50
80-90	30-40
70-80	20-30
60-70	10-20
50-60	0-10

内蒙古 2010 年植被覆盖度分布

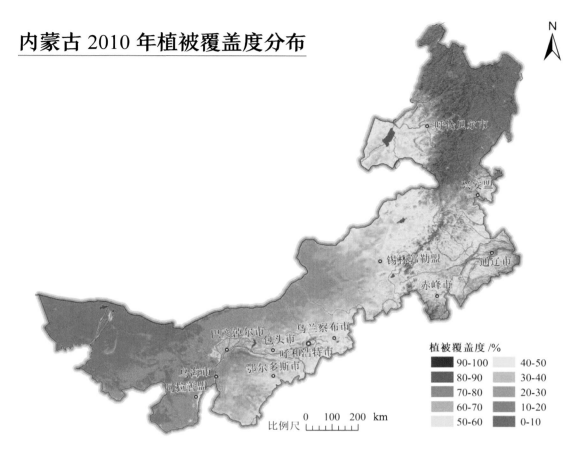

内蒙古 2015 年植被覆盖度分布

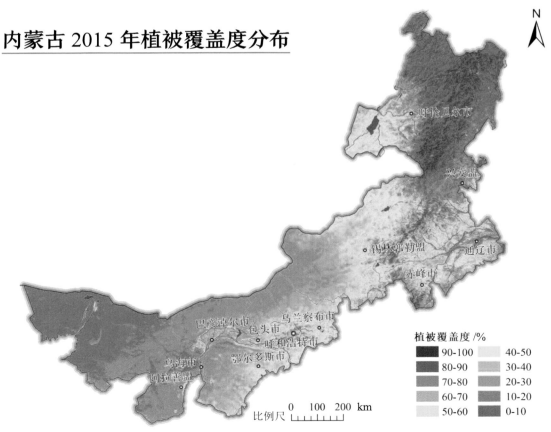

内蒙古 2020 年植被覆盖度分布

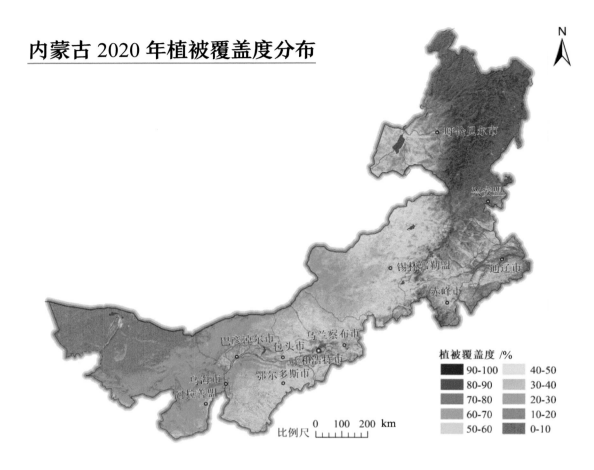

植被覆盖度 /%	
90-100	40-50
80-90	30-40
70-80	20-30
60-70	10-20
50-60	0-10

内蒙古 2020 年 1 月植被覆盖度分布

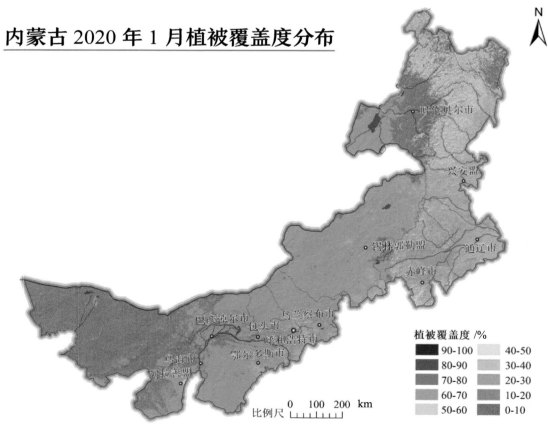

植被覆盖度 /%	
90-100	40-50
80-90	30-40
70-80	20-30
60-70	10-20
50-60	0-10

内蒙古 2020 年 2 月植被覆盖度分布

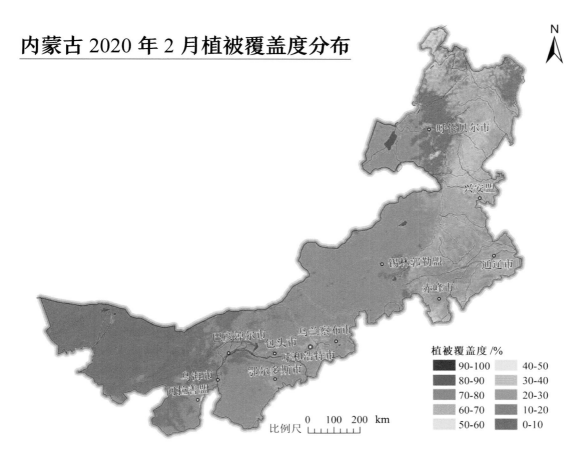

内蒙古 2020 年 3 月植被覆盖度分布

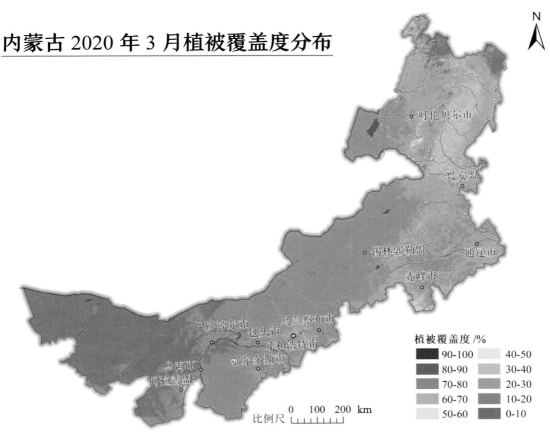

内蒙古 2020 年 4 月植被覆盖度分布

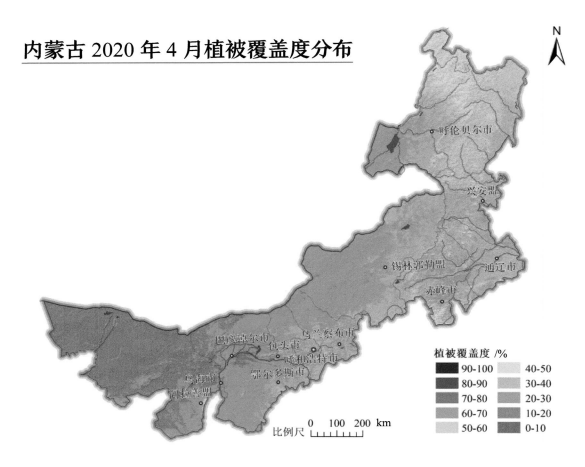

植被覆盖度 /%

90-100	40-50
80-90	30-40
70-80	20-30
60-70	10-20
50-60	0-10

比例尺 0 100 200 km

内蒙古 2020 年 5 月植被覆盖度分布

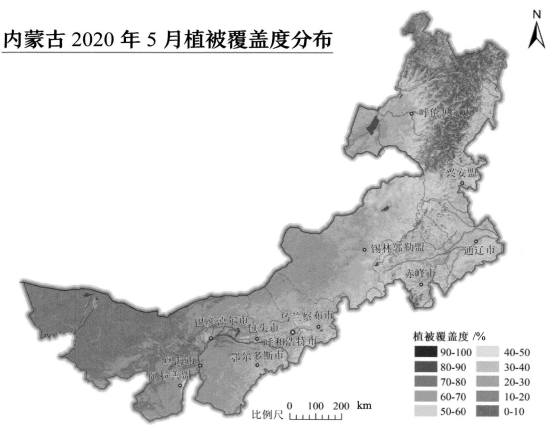

植被覆盖度 /%

90-100	40-50
80-90	30-40
70-80	20-30
60-70	10-20
50-60	0-10

比例尺 0 100 200 km

内蒙古 2020 年 6 月植被覆盖度分布

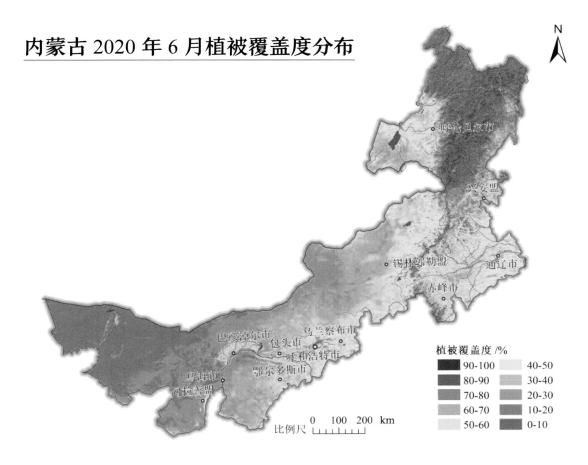

内蒙古 2020 年 7 月植被覆盖度分布

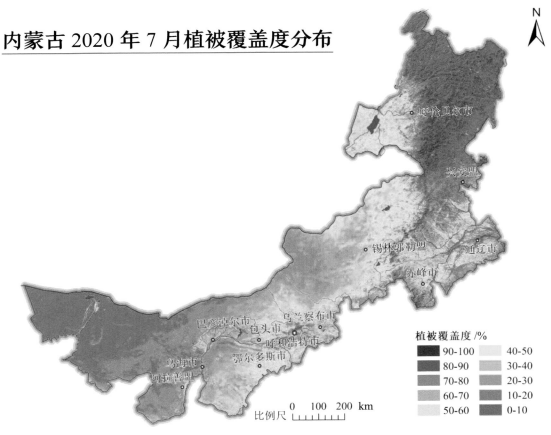

内蒙古 2020 年 8 月植被覆盖度分布

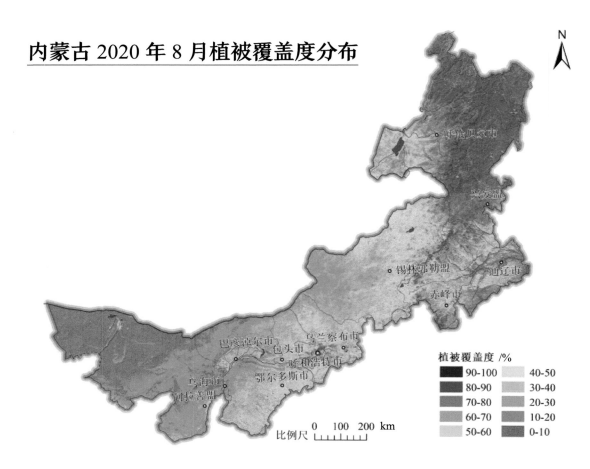

内蒙古 2020 年 9 月植被覆盖度分布

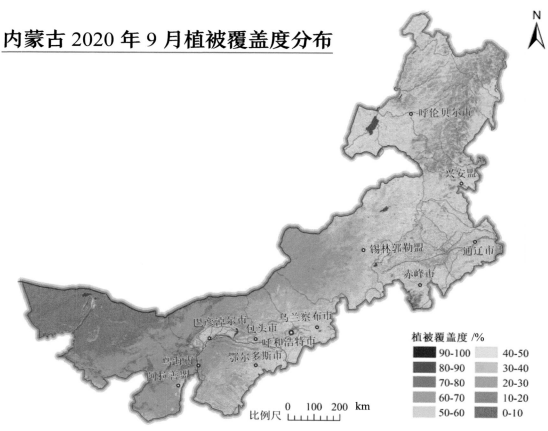

内蒙古 2020 年 10 月植被覆盖度分布

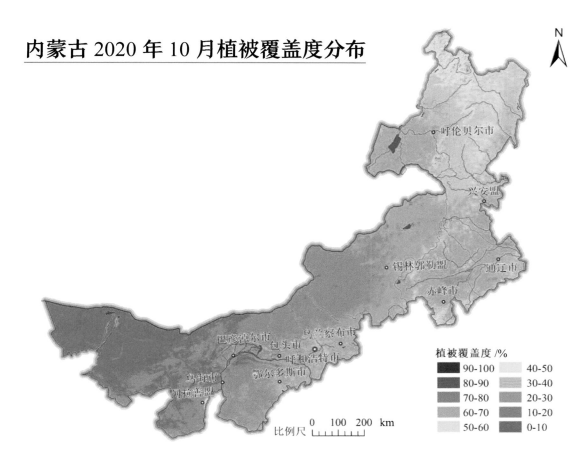

植被覆盖度 /%
- 90-100
- 80-90
- 70-80
- 60-70
- 50-60
- 40-50
- 30-40
- 20-30
- 10-20
- 0-10

0 100 200 km
比例尺

内蒙古 2020 年 11 月植被覆盖度分布

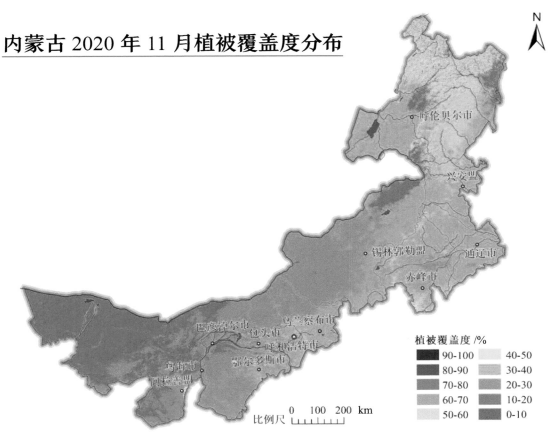

植被覆盖度 /%
- 90-100
- 80-90
- 70-80
- 60-70
- 50-60
- 40-50
- 30-40
- 20-30
- 10-20
- 0-10

0 100 200 km
比例尺

内蒙古 2020 年 12 月植被覆盖度分布

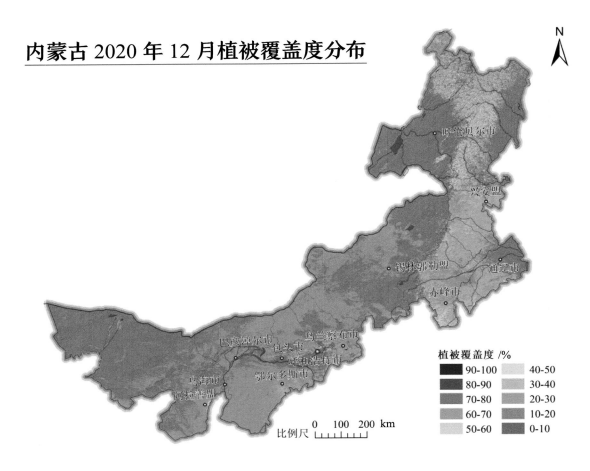

植被覆盖度 /%

90-100	40-50
80-90	30-40
70-80	20-30
60-70	10-20
50-60	0-10

0 100 200 km
比例尺

内蒙古 2000 年林地植被覆盖度分布

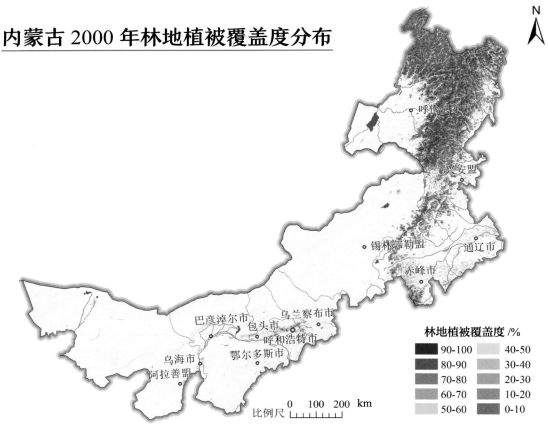

林地植被覆盖度 /%

90-100	40-50
80-90	30-40
70-80	20-30
60-70	10-20
50-60	0-10

0 100 200 km
比例尺

内蒙古 2005 年林地植被覆盖度分布

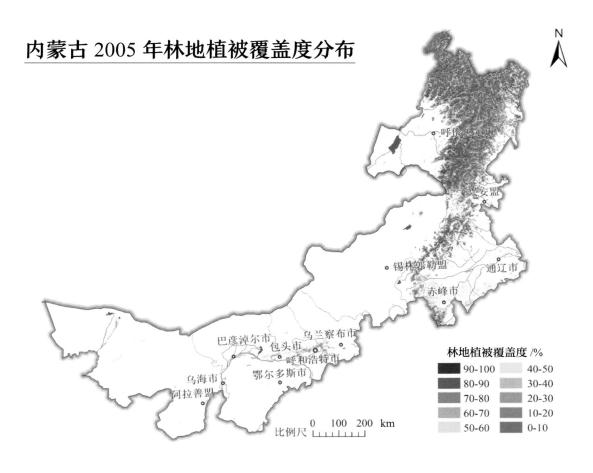

内蒙古 2010 年林地植被覆盖度分布

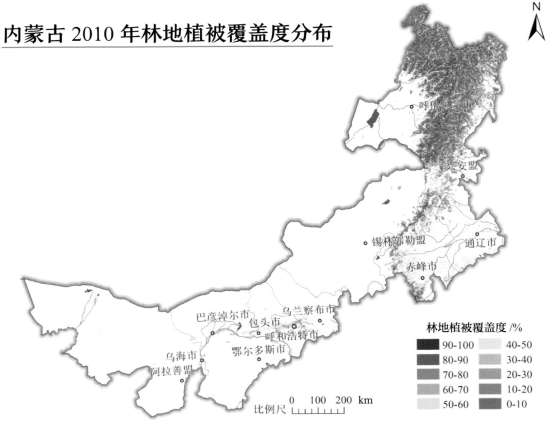

内蒙古 2015 年林地植被覆盖度分布

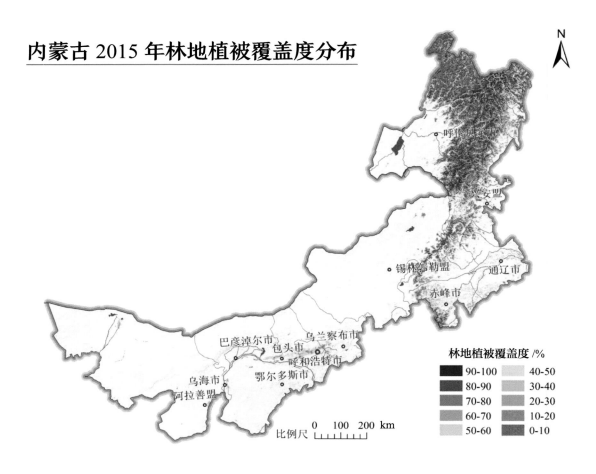

林地植被覆盖度 /%

90-100	40-50
80-90	30-40
70-80	20-30
60-70	10-20
50-60	0-10

比例尺　0　100　200 km

内蒙古 2020 年林地植被覆盖度分布

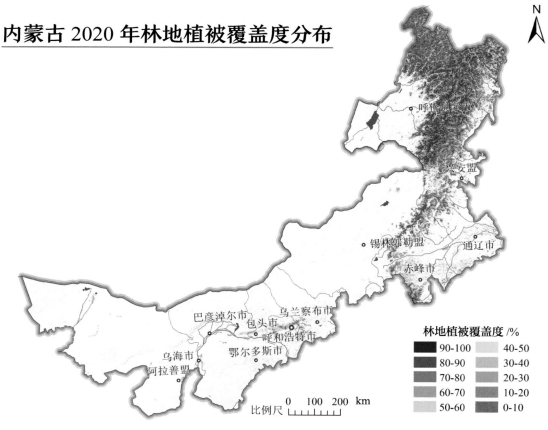

林地植被覆盖度 /%

90-100	40-50
80-90	30-40
70-80	20-30
60-70	10-20
50-60	0-10

比例尺　0　100　200 km

内蒙古 2000 年草地植被覆盖度分布

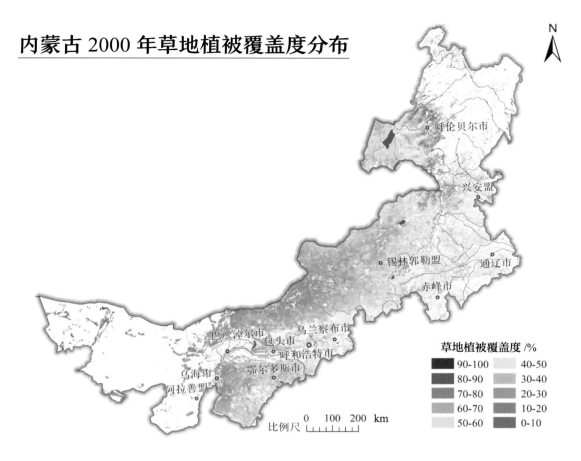

内蒙古 2005 年草地植被覆盖度分布

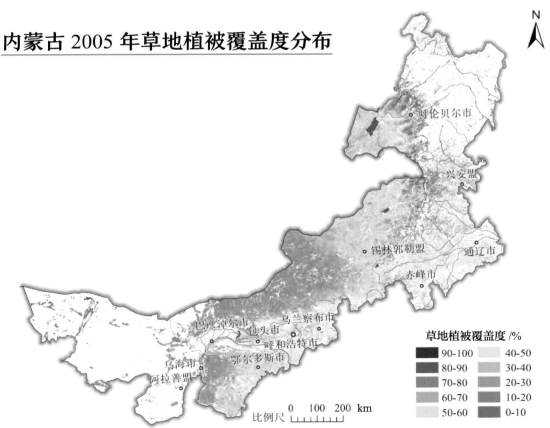

内蒙古 2010 年草地植被覆盖度分布

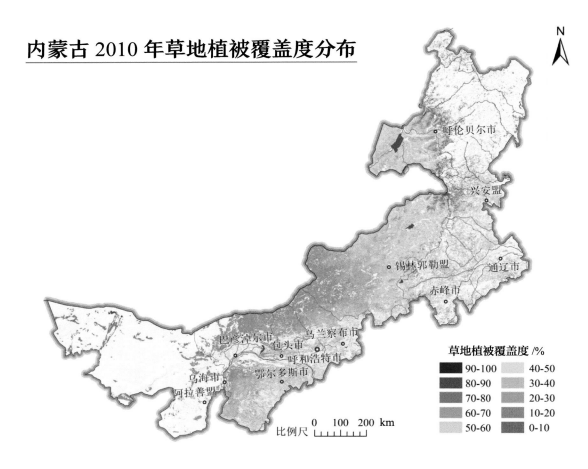

草地植被覆盖度 /%

90-100	40-50
80-90	30-40
70-80	20-30
60-70	10-20
50-60	0-10

比例尺 0 100 200 km

内蒙古 2015 年草地植被覆盖度分布

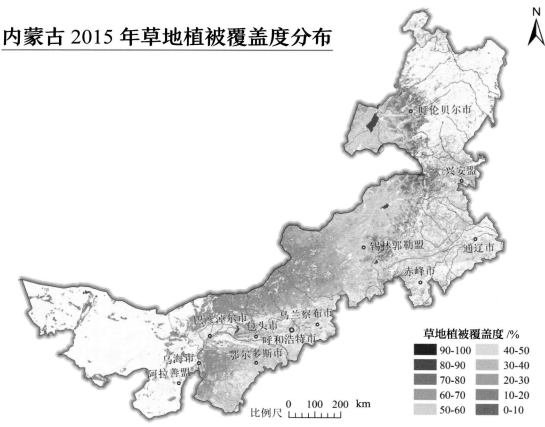

草地植被覆盖度 /%

90-100	40-50
80-90	30-40
70-80	20-30
60-70	10-20
50-60	0-10

比例尺 0 100 200 km

内蒙古 2020 年草地植被覆盖度分布

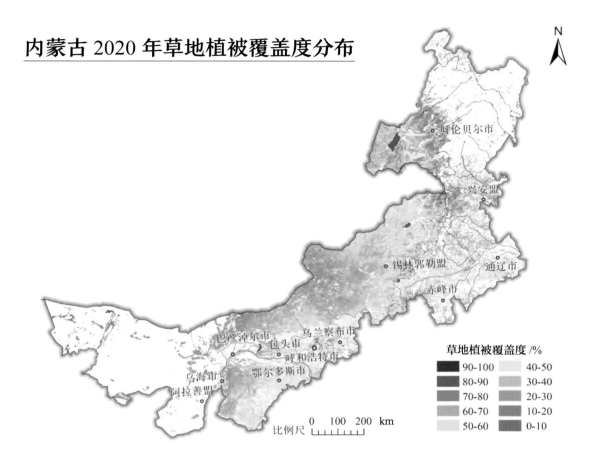

草地植被覆盖度 /%

90-100	40-50
80-90	30-40
70-80	20-30
60-70	10-20
50-60	0-10

比例尺 0 100 200 km

内蒙古 2000 年耕地净初级生产力

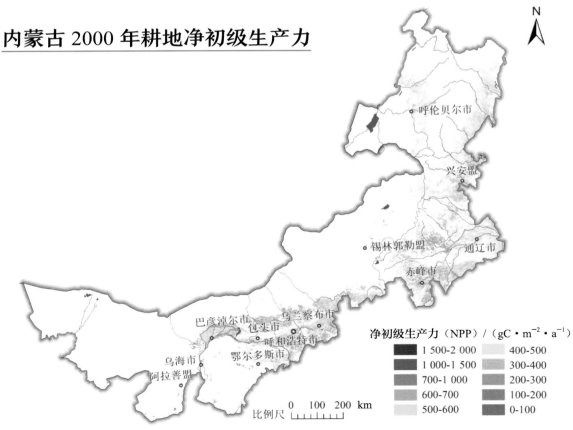

净初级生产力（NPP）/（gC·m^{-2}·a^{-1}）

1 500-2 000	400-500
1 000-1 500	300-400
700-1 000	200-300
600-700	100-200
500-600	0-100

比例尺 0 100 200 km

内蒙古 2005 年耕地净初级生产力

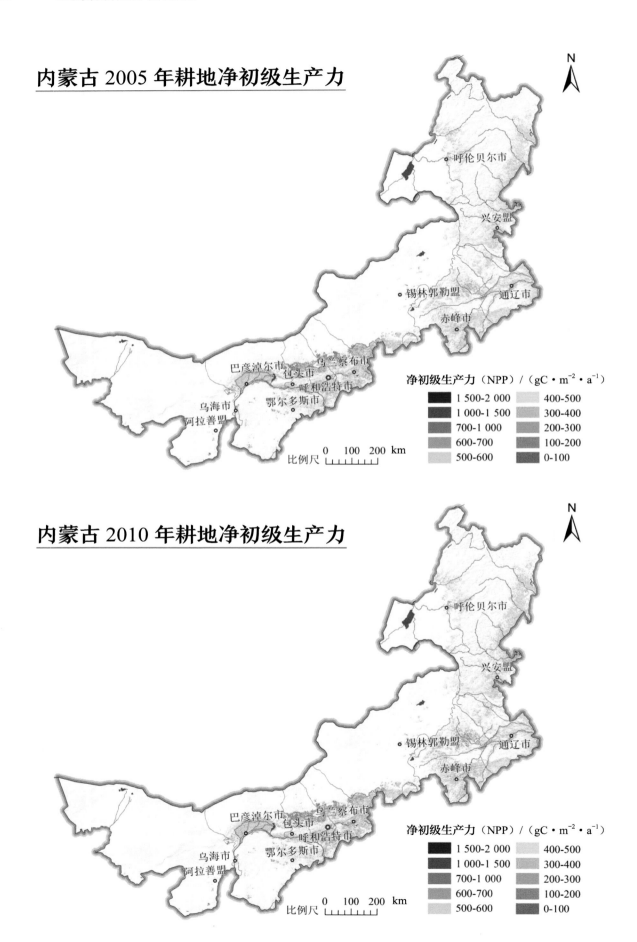

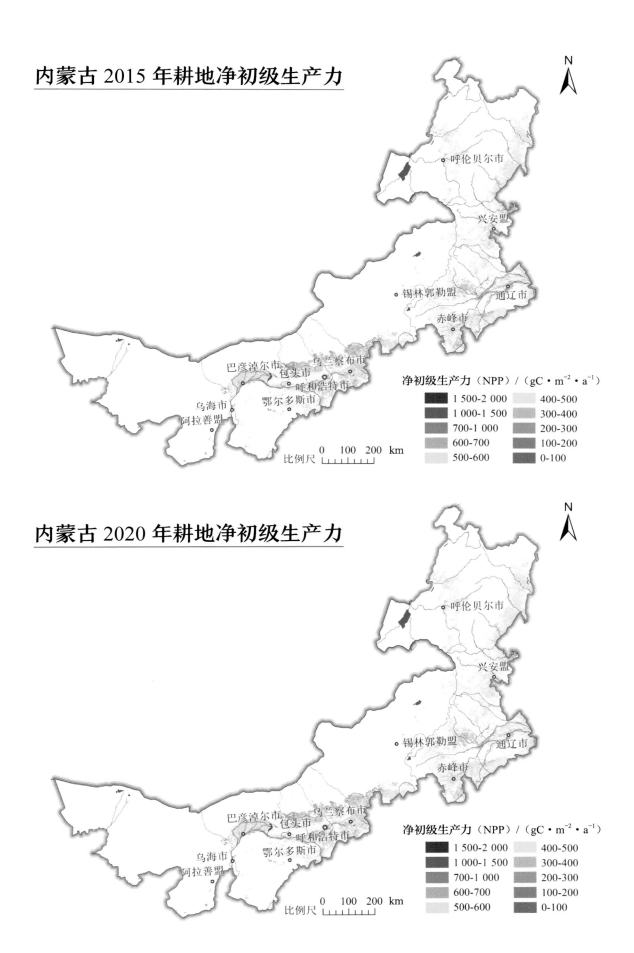

内蒙古 2015 年耕地净初级生产力

净初级生产力（NPP）/（gC·m⁻²·a⁻¹）

内蒙古 2020 年耕地净初级生产力

净初级生产力（NPP）/（gC·m⁻²·a⁻¹）

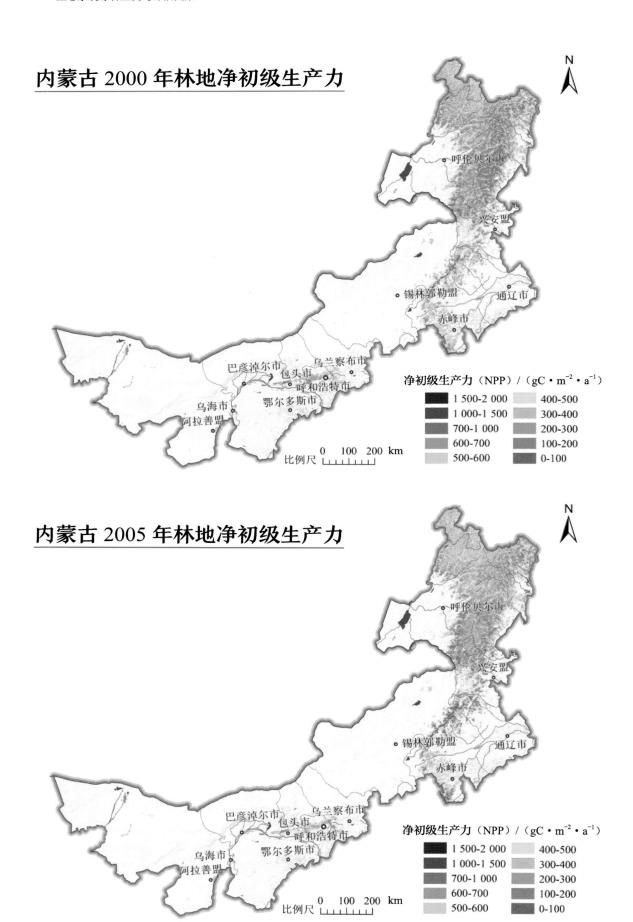

内蒙古 2000 年林地净初级生产力

净初级生产力（NPP）/（gC·m⁻²·a⁻¹）

内蒙古 2005 年林地净初级生产力

净初级生产力（NPP）/（gC·m⁻²·a⁻¹）

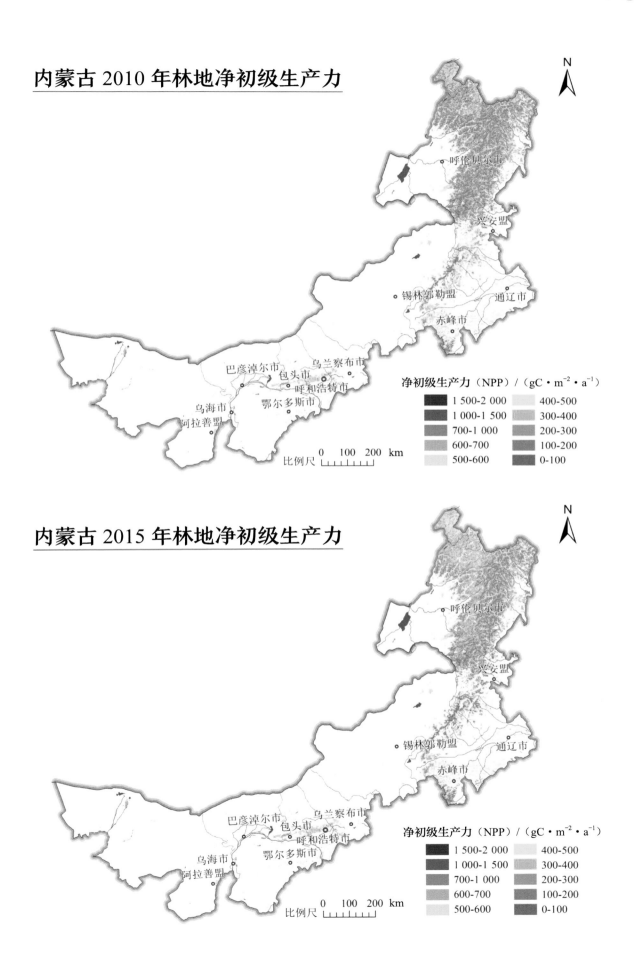

内蒙古 2010 年林地净初级生产力

内蒙古 2015 年林地净初级生产力

净初级生产力（NPP）/（gC·m⁻²·a⁻¹）

1 500-2 000		400-500
1 000-1 500		300-400
700-1 000		200-300
600-700		100-200
500-600		0-100

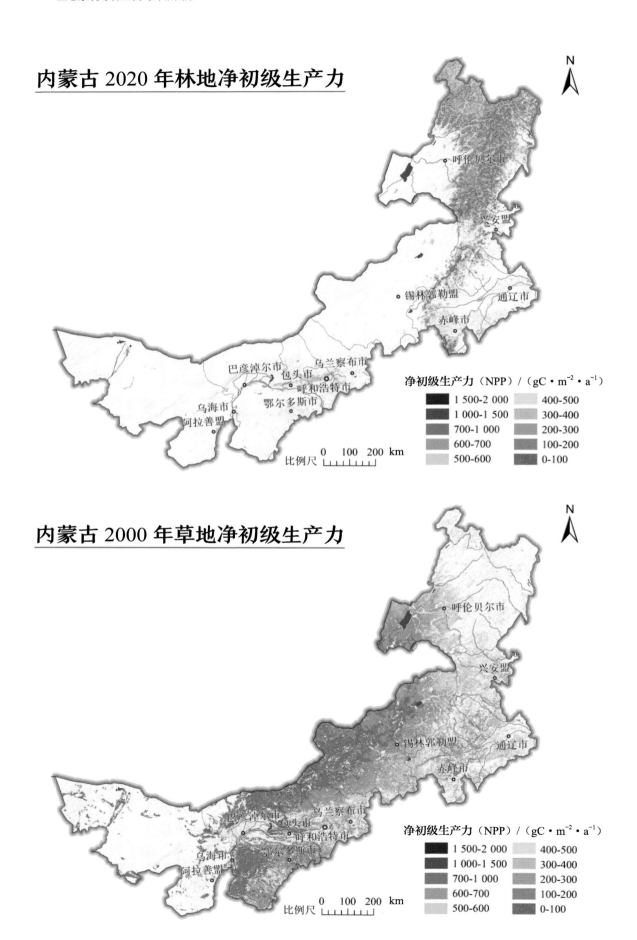

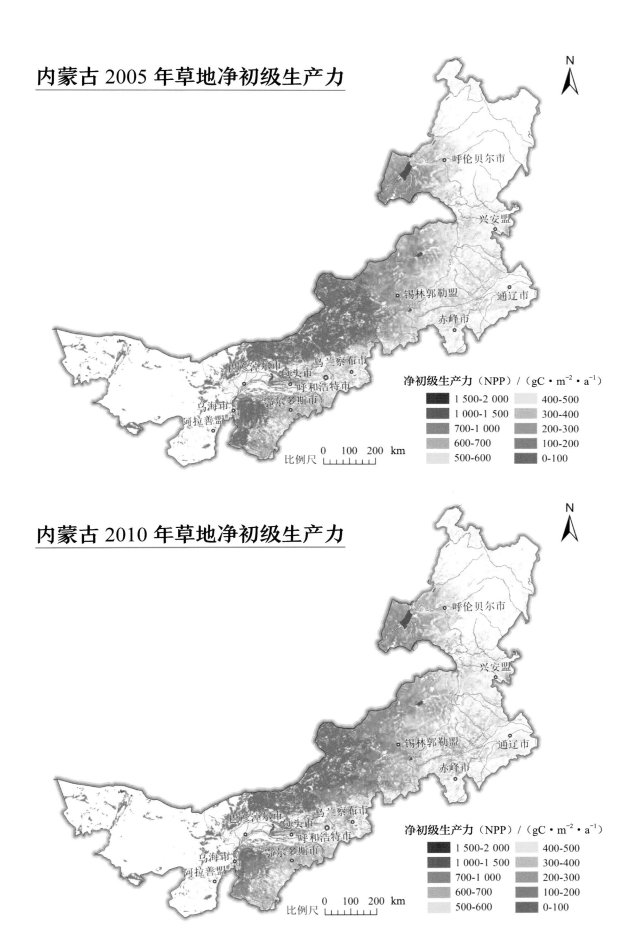

内蒙古 2005 年草地净初级生产力

内蒙古 2010 年草地净初级生产力

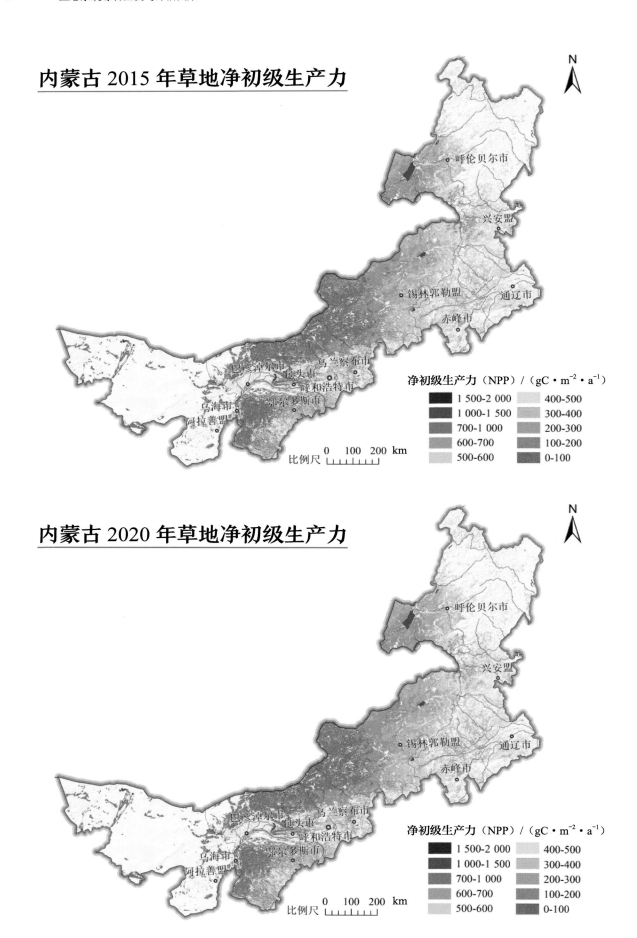

内蒙古 2000 年耕地蒸发蒸腾量

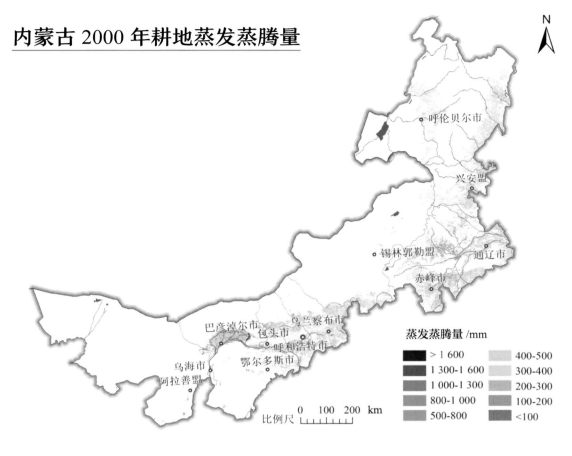

内蒙古 2005 年耕地蒸发蒸腾量

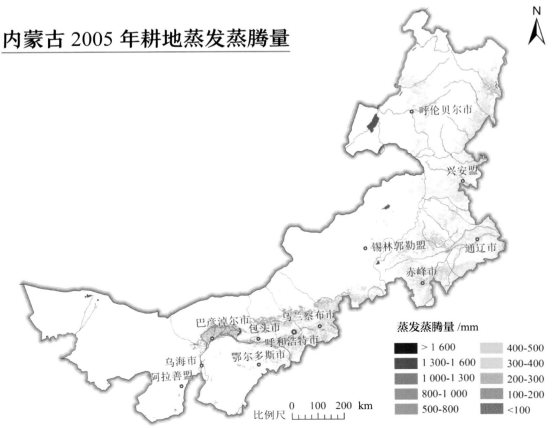

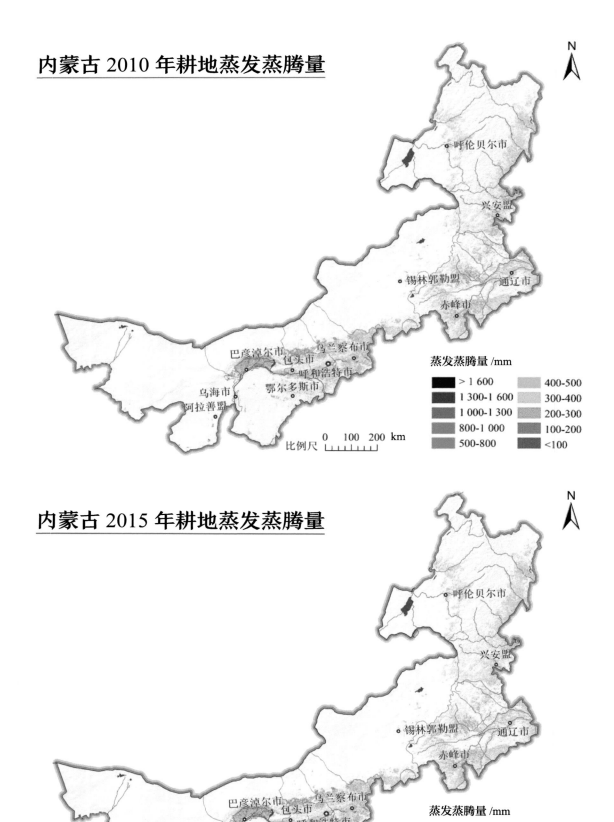

内蒙古 2010 年耕地蒸发蒸腾量

内蒙古 2015 年耕地蒸发蒸腾量

内蒙古 2020 年耕地蒸发蒸腾量

内蒙古 2000 年林地蒸发蒸腾量

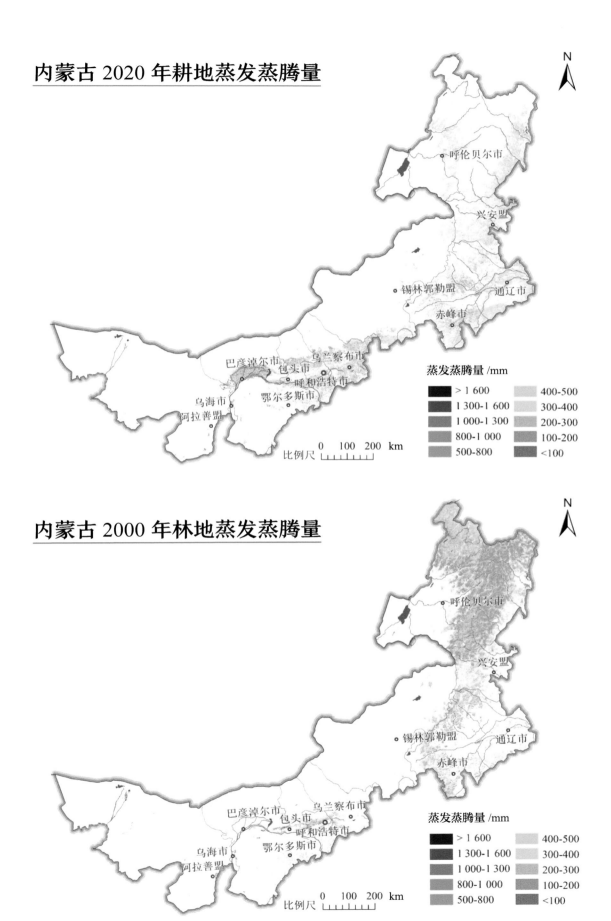

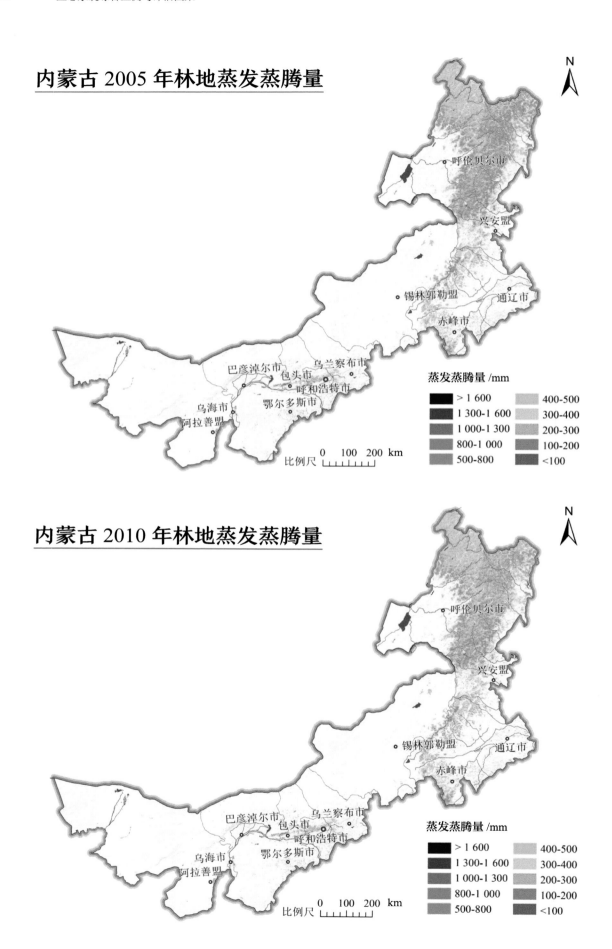

内蒙古 2005 年林地蒸发蒸腾量

内蒙古 2010 年林地蒸发蒸腾量

内蒙古 2015 年林地蒸发蒸腾量

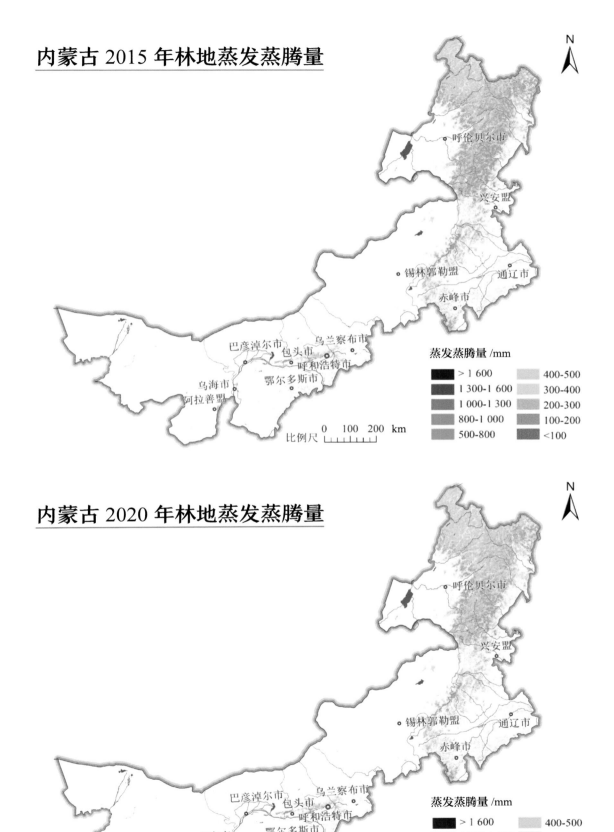

内蒙古 2020 年林地蒸发蒸腾量

内蒙古 2000 年草地蒸发蒸腾量

内蒙古 2005 年草地蒸发蒸腾量

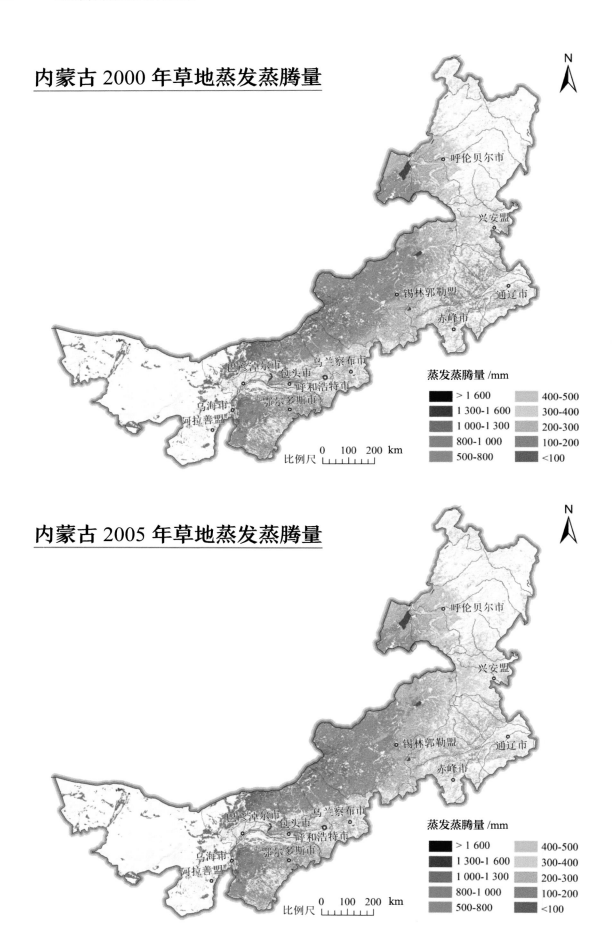

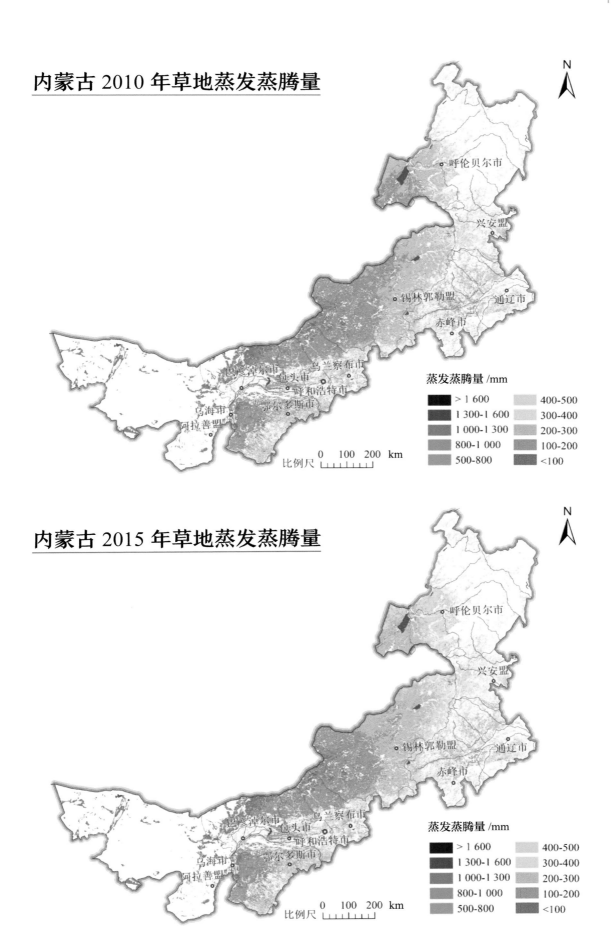

内蒙古 2010 年草地蒸发蒸腾量

内蒙古 2015 年草地蒸发蒸腾量

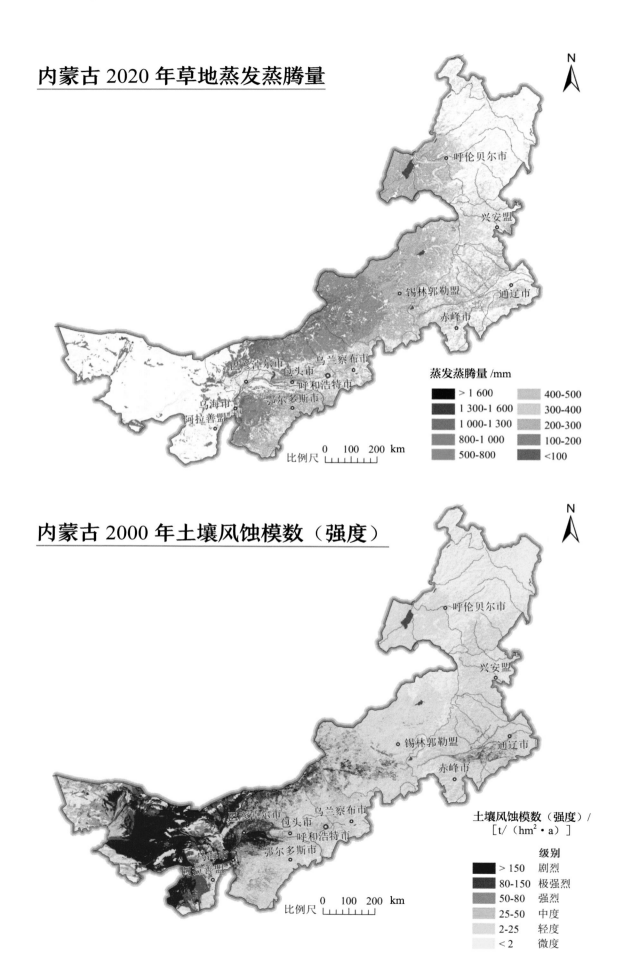

内蒙古 2020 年草地蒸发蒸腾量

蒸发蒸腾量 /mm

> 1 600	400-500
1 300-1 600	300-400
1 000-1 300	200-300
800-1 000	100-200
500-800	<100

比例尺 0 100 200 km

内蒙古 2000 年土壤风蚀模数（强度）

土壤风蚀模数（强度）/
[t/（hm² · a）]

级别

> 150	剧烈
80-150	极强烈
50-80	强烈
25-50	中度
2-25	轻度
< 2	微度

比例尺 0 100 200 km

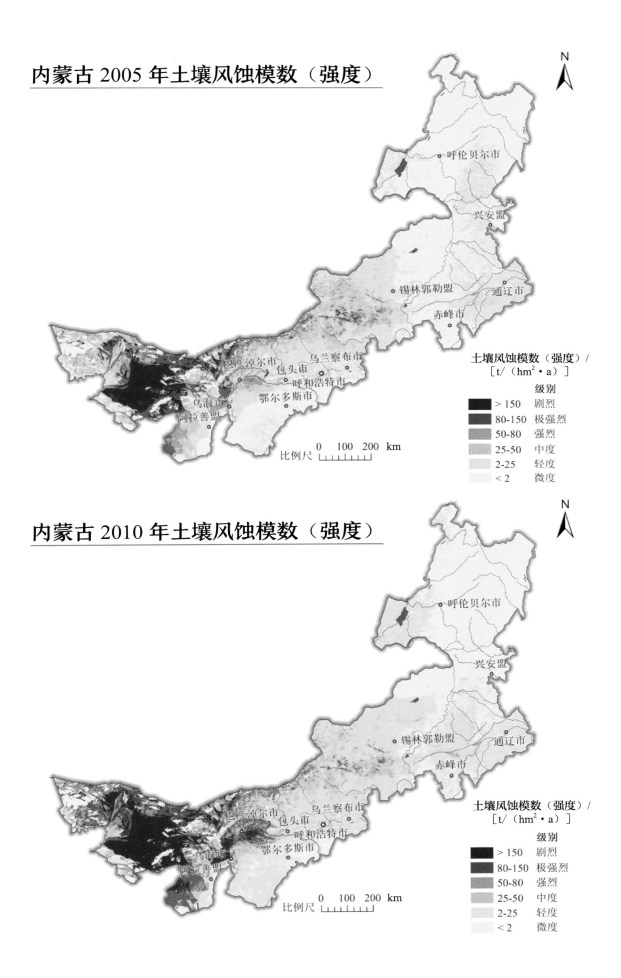

内蒙古 2015 年土壤风蚀模数（强度）

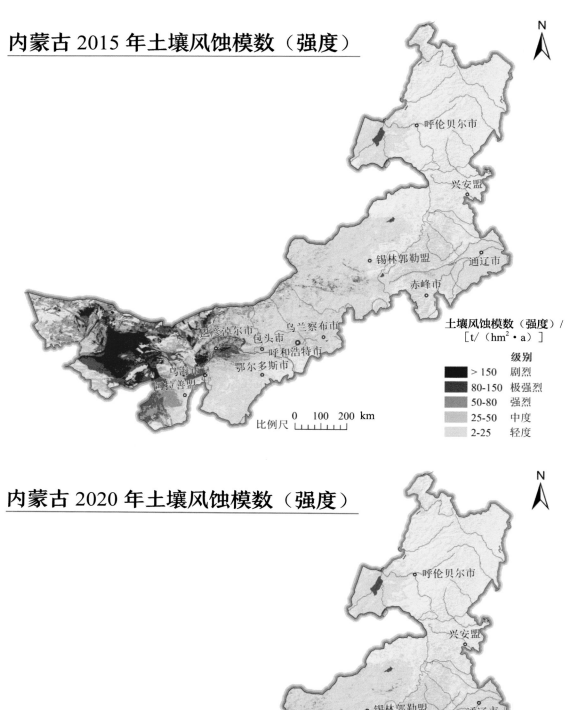

土壤风蚀模数（强度）/
$[t/(hm^2 \cdot a)]$

	级别
> 150	剧烈
80-150	极强烈
50-80	强烈
25-50	中度
2-25	轻度

比例尺 0 100 200 km

内蒙古 2020 年土壤风蚀模数（强度）

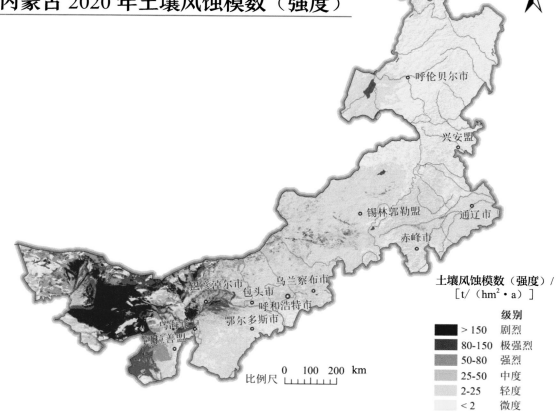

土壤风蚀模数（强度）/
$[t/(hm^2 \cdot a)]$

	级别
> 150	剧烈
80-150	极强烈
50-80	强烈
25-50	中度
2-25	轻度
< 2	微度

比例尺 0 100 200 km

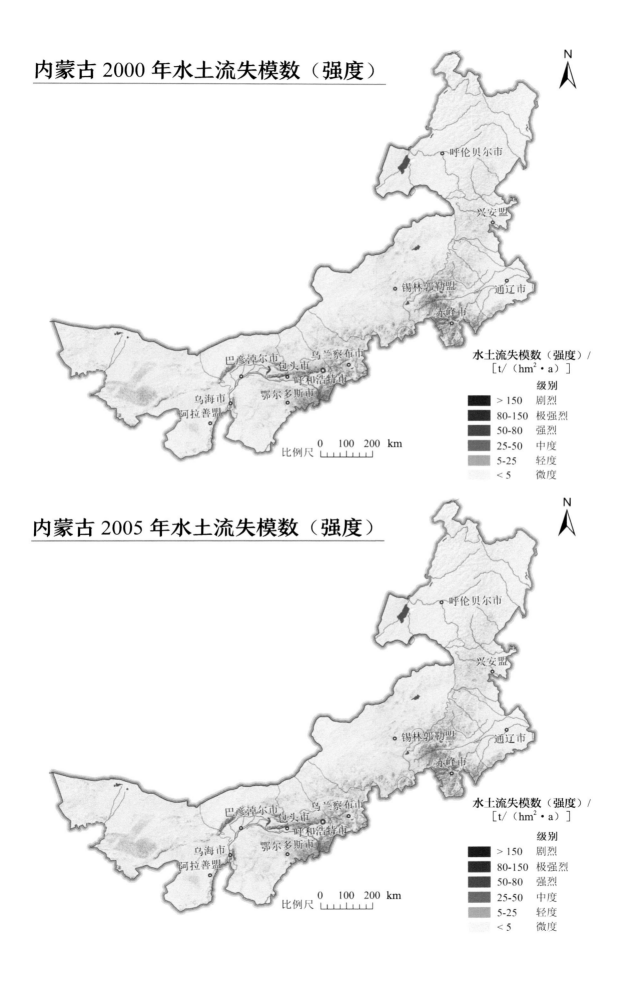

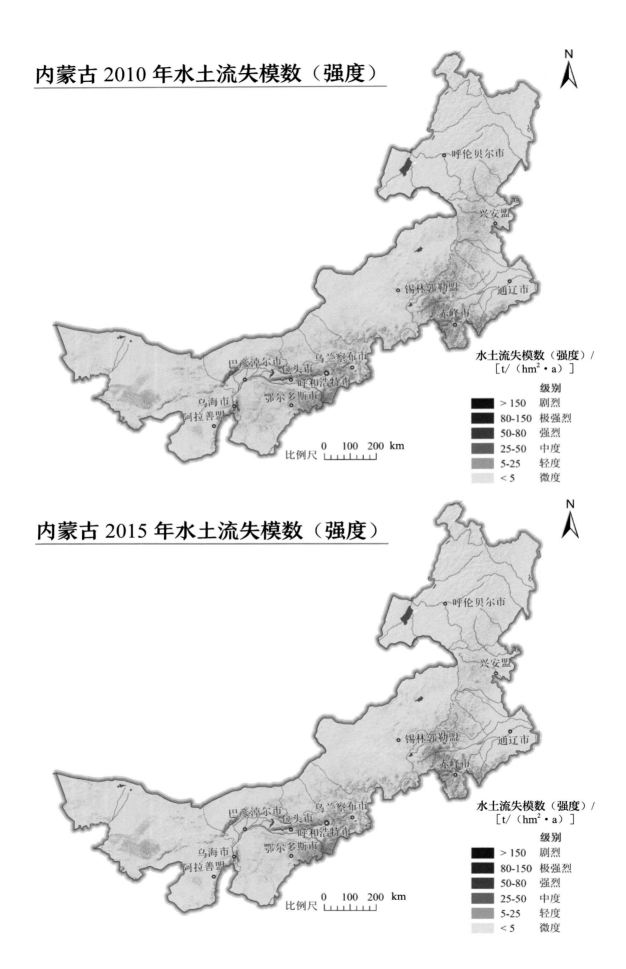

内蒙古 2010 年水土流失模数（强度）

水土流失模数（强度）/
[t/（hm² · a）]

级别

> 150 剧烈
80-150 极强烈
50-80 强烈
25-50 中度
5-25 轻度
< 5 微度

内蒙古 2015 年水土流失模数（强度）

水土流失模数（强度）/
[t/（hm² · a）]

级别

> 150 剧烈
80-150 极强烈
50-80 强烈
25-50 中度
5-25 轻度
< 5 微度

内蒙古 2020 年水土流失模数（强度）

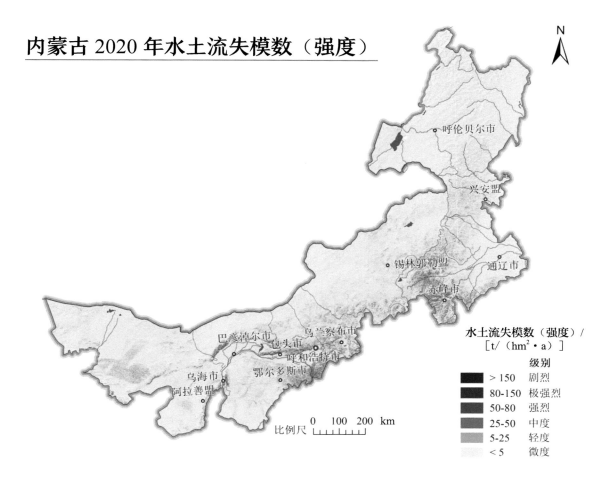

水土流失模数（强度）/
［t/（hm² · a）］

级别
- > 150 剧烈
- 80-150 极强烈
- 50-80 强烈
- 25-50 中度
- 5-25 轻度
- < 5 微度

Part 8

生物多样性与生态质量

内蒙古 2000 年耕地生物量

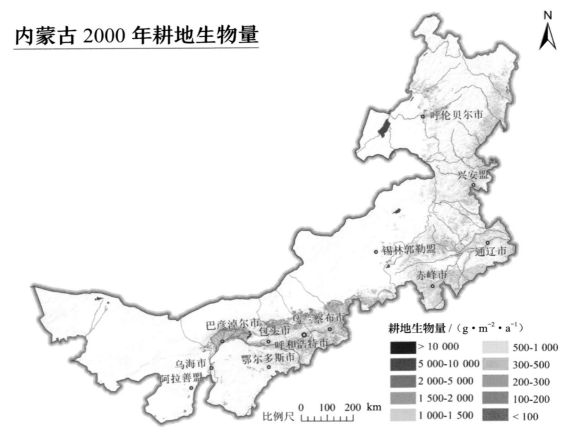

耕地生物量 / (g·m⁻²·a⁻¹)

> 10 000	500-1 000
5 000-10 000	300-500
2 000-5 000	200-300
1 500-2 000	100-200
1 000-1 500	< 100

内蒙古 2005 年耕地生物量

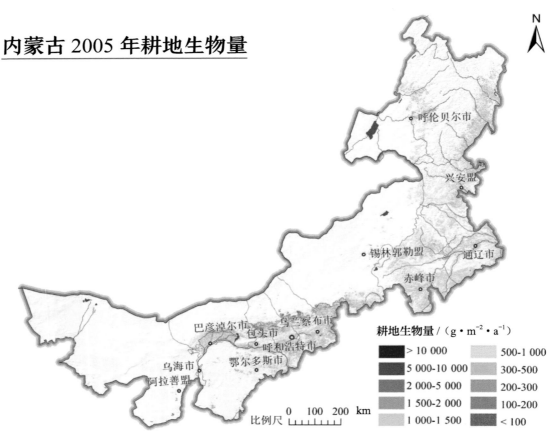

耕地生物量 / (g·m⁻²·a⁻¹)

> 10 000	500-1 000
5 000-10 000	300-500
2 000-5 000	200-300
1 500-2 000	100-200
1 000-1 500	< 100

内蒙古 2010 年耕地生物量

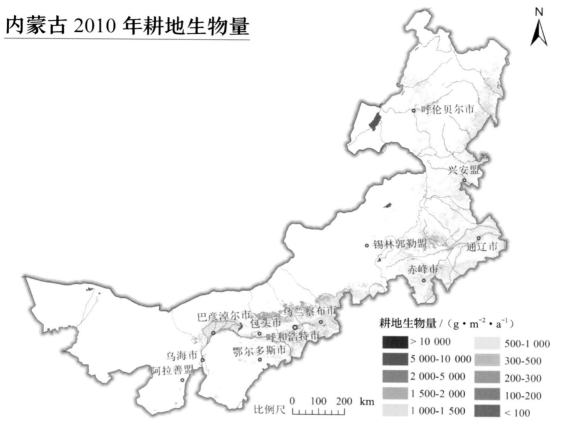

耕地生物量 / (g·m⁻²·a⁻¹)

内蒙古 2015 年耕地生物量

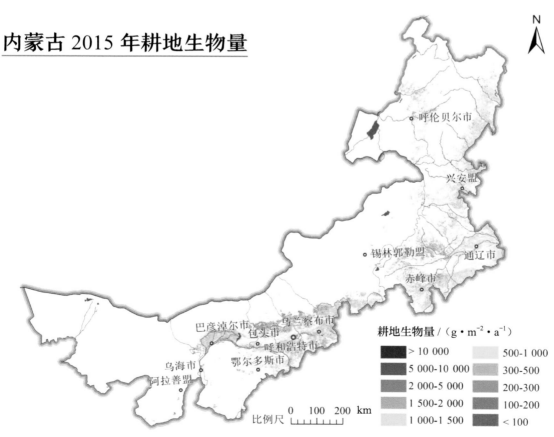

耕地生物量 / (g·m⁻²·a⁻¹)

内蒙古 2020 年耕地生物量

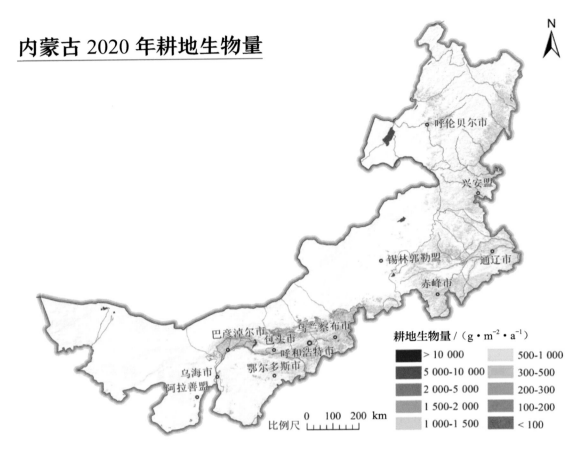

耕地生物量 / (g·m⁻²·a⁻¹)
> 10 000	500-1 000
5 000-10 000	300-500
2 000-5 000	200-300
1 500-2 000	100-200
1 000-1 500	< 100

内蒙古 2000 年林地生物量

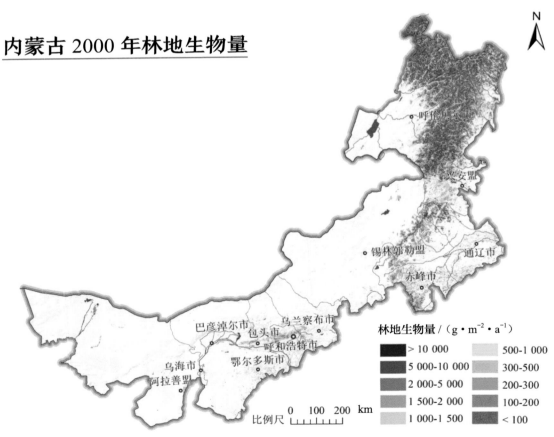

林地生物量 / (g·m⁻²·a⁻¹)
> 10 000	500-1 000
5 000-10 000	300-500
2 000-5 000	200-300
1 500-2 000	100-200
1 000-1 500	< 100

内蒙古 2005 年林地生物量

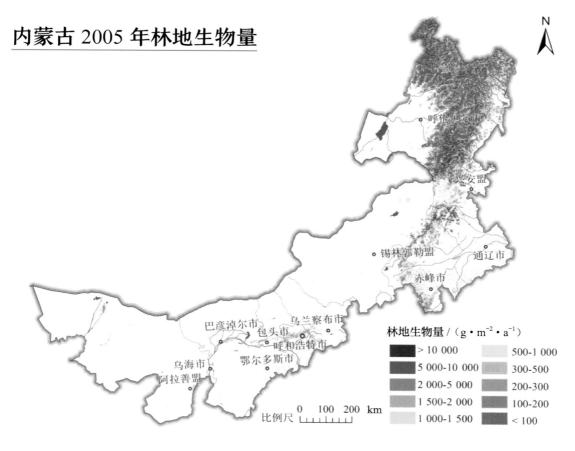

内蒙古 2010 年林地生物量

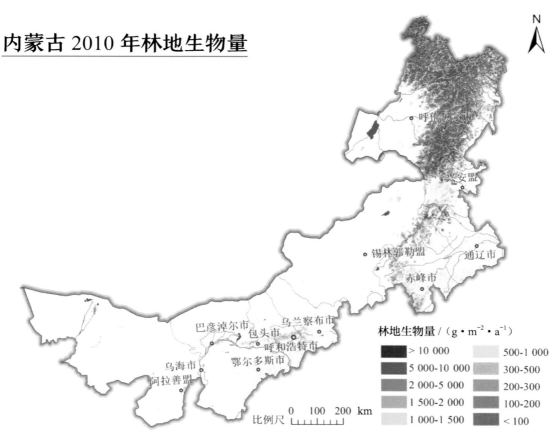

内蒙古 2015 年林地生物量

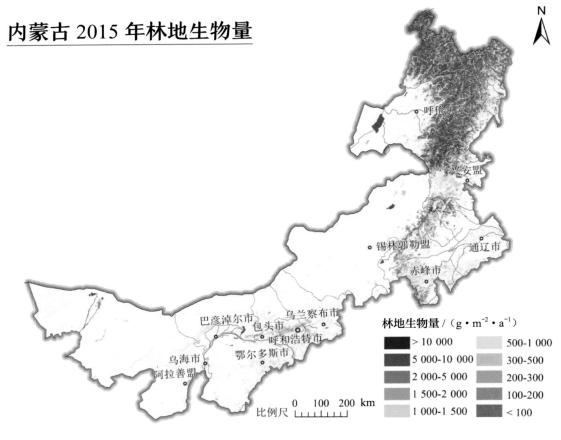

内蒙古 2020 年林地生物量

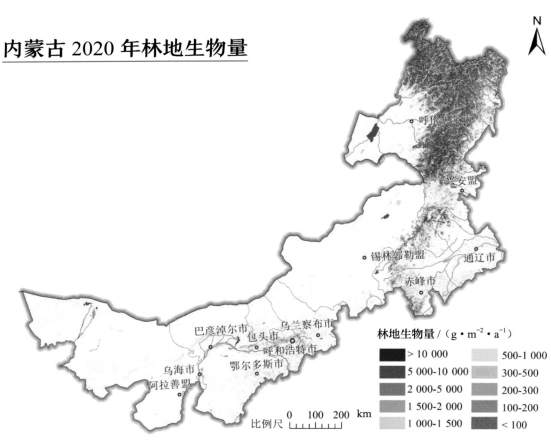

内蒙古 2000 年草地生物量

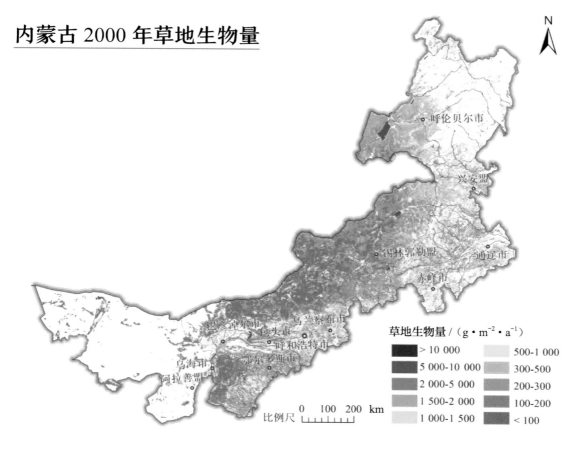

内蒙古 2005 年草地生物量

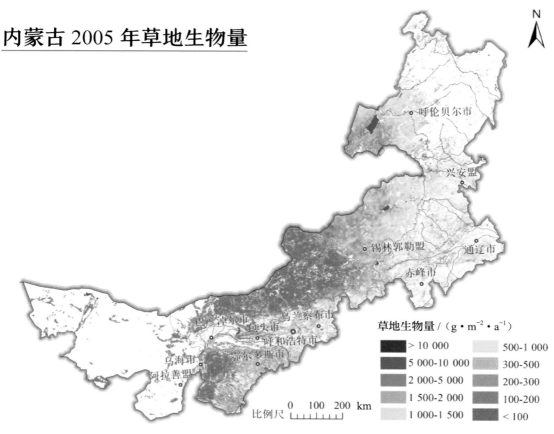

内蒙古 2010 年草地生物量

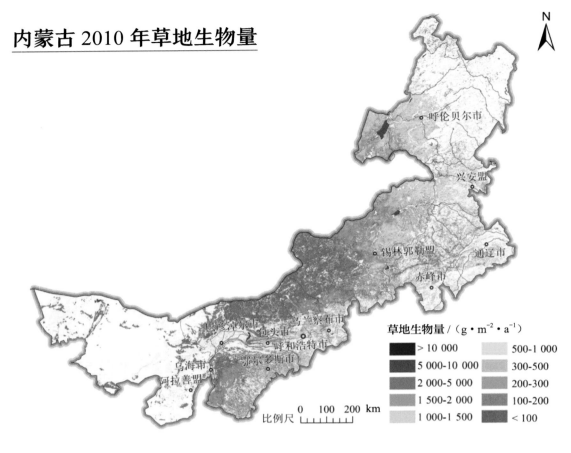

内蒙古 2015 年草地生物量

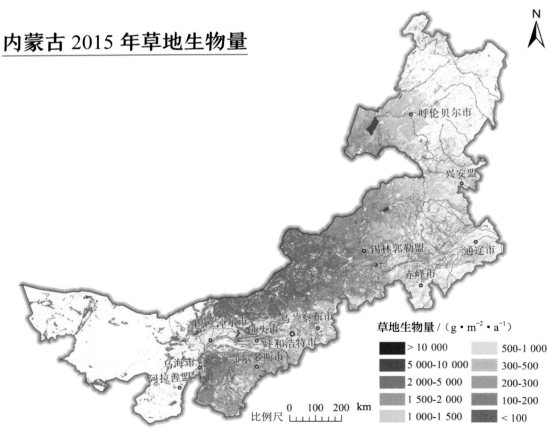

内蒙古 2020 年草地生物量

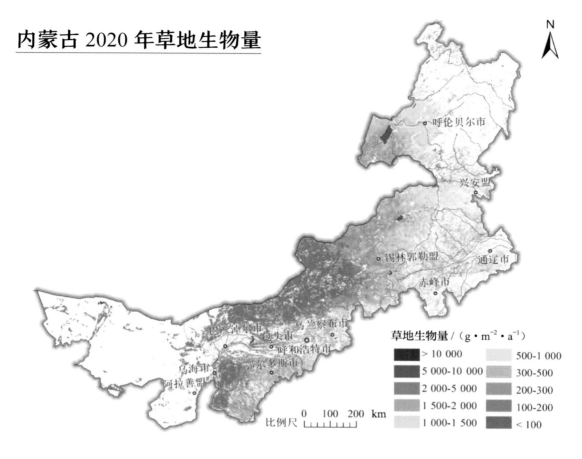

草地生物量/（g·m⁻²·a⁻¹）

> 10 000	500-1 000
5 000-10 000	300-500
2 000-5 000	200-300
1 500-2 000	100-200
1 000-1 500	< 100

比例尺 0 100 200 km

内蒙古 2000 年生态环境质量评价

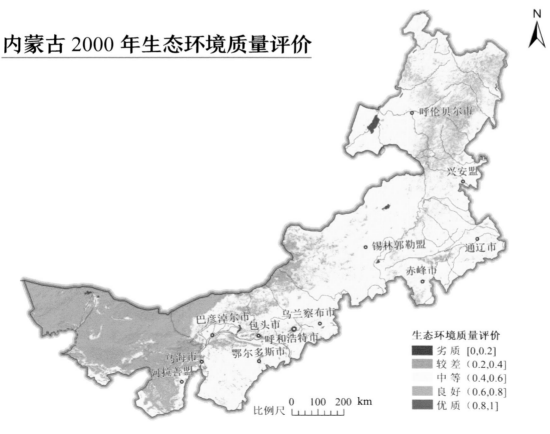

生态环境质量评价

劣 质 [0,0.2]
较 差 (0.2,0.4]
中 等 (0.4,0.6]
良 好 (0.6,0.8]
优 质 (0.8,1]

比例尺 0 100 200 km

内蒙古 2005 年生态环境质量评价

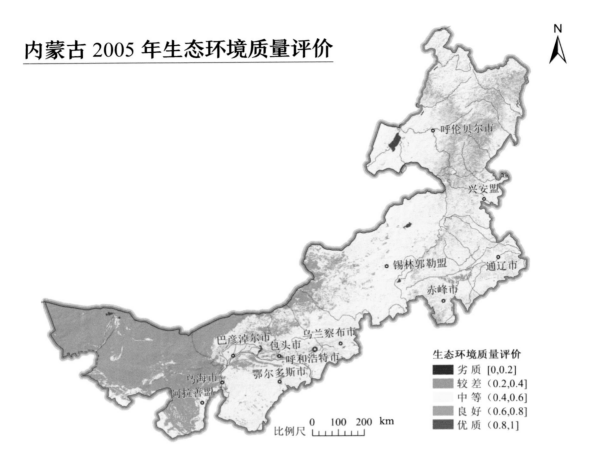

生态环境质量评价
- ■ 劣 质 [0,0.2]
- 较 差 (0.2,0.4]
- 中 等 (0.4,0.6]
- 良 好 (0.6,0.8]
- ■ 优 质 (0.8,1]

内蒙古 2010 年生态环境质量评价

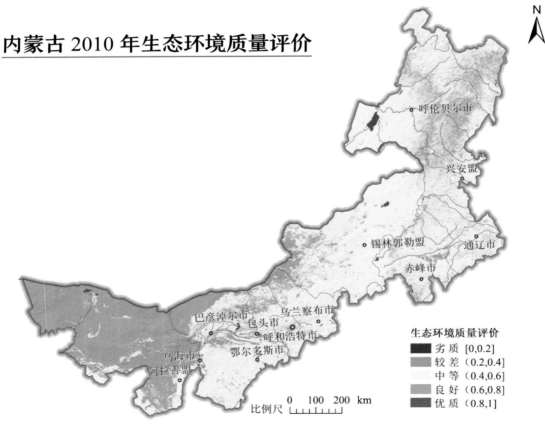

生态环境质量评价
- ■ 劣 质 [0,0.2]
- 较 差 (0.2,0.4]
- 中 等 (0.4,0.6]
- 良 好 (0.6,0.8]
- ■ 优 质 (0.8,1]

内蒙古 2020 年生态环境质量评价

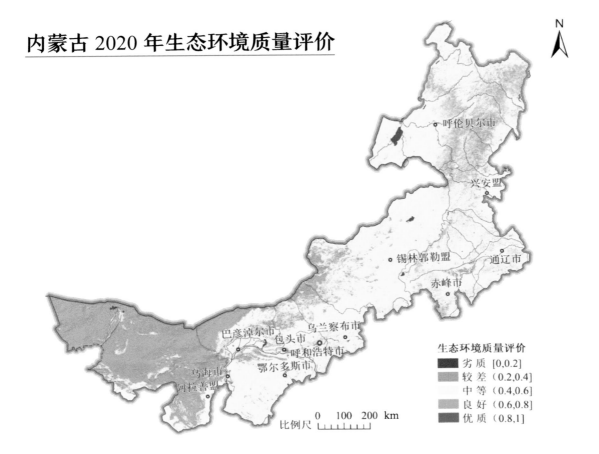

生态环境质量评价
- 劣 质 [0,0.2]
- 较 差 (0.2,0.4]
- 中 等 (0.4,0.6]
- 良 好 (0.6,0.8]
- 优 质 (0.8,1]